LES CENT-UN

COIFFEURS

DE TOUS LES PAYS

ON SOUSCRIT À PARIS,

CHEZ L'ÉDITEUR, RUE DE L'ODÉON

1850.

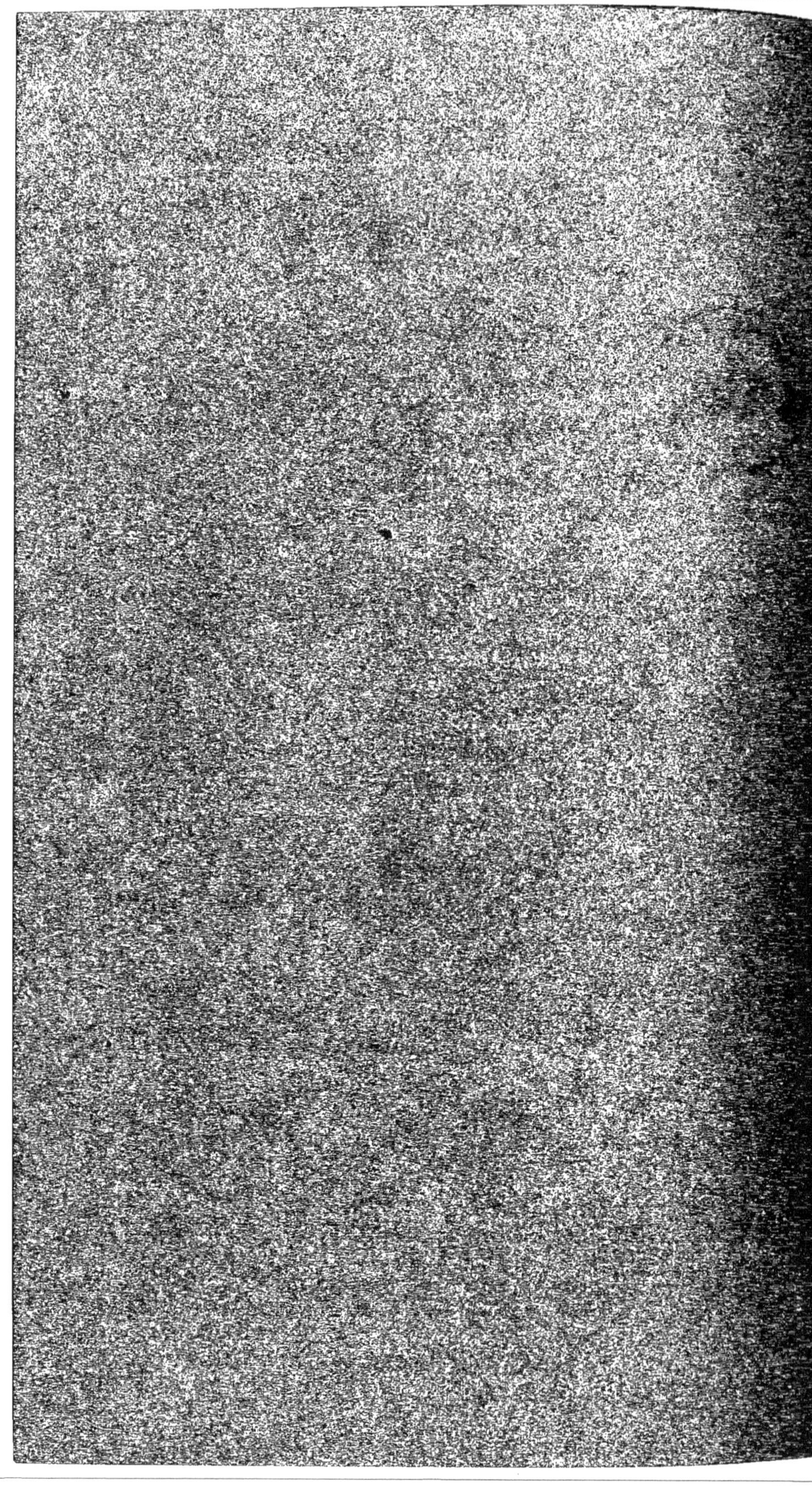

LES

CENT-UN

COIFFEURS

DE TOUS LES PAYS,

Ouvrage

Fondé par Croisat, *Professeur*

DE COIFFURE.

2ᵉ ANNÉE.

À mes Collaborateurs.

Aujourd'hui, il y a juste un an que je pris la plume pour faire savoir à tous les coiffeurs que j'allais entreprendre une publication ayant pour objet de relever notre état. Alors, comme aujourd'hui, appréciant les difficultés qu'il y a toujours à cultiver un terrain inconnu, je fis un appel à tous mes confrères, à tous je leur dis cette vérité : Que notre art est beaucoup plus estimable que le vulgaire ne le pense, et qu'il faut avoir des qualités rares pour l'exercer avec distinction ; à tous je leur demandai le concours de leurs talents pour cette entreprise ; et mon appel fut reçu favorablement d'un grand nombre, car beaucoup y répondirent en m'envoyant leur adhésion à la souscription ; plusieurs, même, m'adressèrent sur-le-champ des articles traitant de notre art, ainsi que des modèles de coiffure. Toutes ces marques éclatantes d'approbation m'affermirent davantage dans l'idée que les *Cent-un Coiffeurs* devaient rendre de grands services ; aussi, ni la concurrence et la fatigue, ni l'intrigue de mes ennemis, ni les revers, n'ont pu me décourager au milieu de cette noble entreprise. Je dois le dire, cependant, il y a six mois ma santé s'était tellement altérée, que si des hommes estimables ne m'avaient ranimé par leur zèle à pénétrer les masses, chacun dans leurs contrées, de l'utilité et de la beauté de l'ouvrage, peut-être aurais-je cédé à l'épuisement, car il y a bien des années que je travaille à la perfection de mon état, de cet état que j'aime ; que je cherche à élever, et que tant de gens, je le dis avec douleur, s'obstinent à vouloir abaisser jusqu'au plus bas degré de l'échelle sociale. Mais le temps est venu de l'émancipation de la coiffure, et les agioteurs, les charlatans, ainsi que les matérialistes, sont jugés ; non, non ! la coiffure n'est plus le monopole de trois ou quatre individus que le hasard favorise, le talent est de tous les pays ; vous en avez donné la preuve, vous, mes collaborateurs, qui avez si puissamment contribué au succès de cet ouvrage, que je remercie de m'avoir envoyé des coiffures , et qui , je l'espère , voudrez bien m'adresser des compositions nouvelles pour embellir le tome II.

Croisat.

DESCRIPTION DES COIFFURES.

N. 1.—COIFFURE de **M. FABRE**, de Rhodès.

Il faut être jeune et avoir de la fraîcheur pour supporter une coiffure lisse sur le front , une tresse flottant sur la joue, et la coiffure loin des traits. Prenant son effet par derrière , le chou n'exerce aucune influence sur le visage, aussi dit-on généralement que la coiffure basse est la coiffure de la jeunesse. Exécution : il faut d'abord attacher les cheveux sur la ligne sourcilière , fendre la masse en deux , et faire avec celle de gauche une tresse à quatre ou cinq brins. La mèche de droite est peignée et aplatie ; ces deux masses sont enlacées dans le genre de celles qui composent une corde à puits, avec cette différence qu'on ne les tord pas en les enlaçant pour que le tout présente un corps plat. Cela fait, on pose un peigne à une branche, et l'on place sur la bande la torsade en question. Il suffit d'étaler, en les peignant , les parties unies pour obtenir une couronne de coques en nattes et en lisse.

N. 2. — COIFFURE de **M. LEMOINE**, de Caen.

Cette coiffure est faite par les mêmes moyens que celle n° 1 ; seulement, au lieu de tresse, on emploie un ruban autour de la chevelure qui forme un gros rouleau.

N. 3. — Par le même.

Après avoir noué la chevelure on fait une petite natte avec un brin de cheveux , et l'on forme une grosse corde ou torsade avec toute la masse ; lorsque la corde est faite on enlace la petite natte dedans , de la même manière qu'on placerait des perles si on voulait l'embellir. Cela fait, tenant la petite natte de la main gauche, on pousse la corde sur elle-même , puis on la tourne sur le lien ; la petite natte , serrée fortement à cet endroit , donne beaucoup de consistance à la coiffure. Les pointes de la torsade servent à garnir *en lisse* le pied du chou ; si mieux on aime se réserver une mèche. Pour cela, le chaperon de fleurs est tenu à l'aide de deux crochets d'épingles qui prennent à la monture de la couronne , et sont plantés dans le cordon. La *guirlande-mancini* est fixée devant par deux mèches qu'on s'est ménagées sur les tempes, et qui , rabattues sur la monture , vont se perdre au pied du chou.

N. 4. = COIFFURE par **M. HERRMANN KELLNER**.

Il appartient à un jeune homme, qui prend un établissement, de ramener l'usage des coiffures difficiles. Voici un jeune maître qui débute dans la carrière par un chiffon assez joli. Comment ce confrère de la Germanie établit-il sa coiffure ?

Il noue d'abord ses cheveux , qu'il divise ensuite en deux parties. Avec l'une il élève une coque en double faisant face en avant , puis , prenant sa gaze en biais , il établit un bouillon sur le derrière de la coque. Il façonne un peu son étoffe, et après il forme une coque de fermeture , laquelle, élevée sur tige , est rabattue au pied du chou. Le bout des cheveux est employé lisse autour. Cela fait, après avoir

101

Coiffeurs de tous les Pays.

On s'abonne à la Direction, Rue Croix des petits Champs, 2.
vis-à-vis celle du Coq.

Coiffure courte, peigne G par Fabre fils, de Rhodes, élève de Croisat.
& 3. Coiffure par Lemoine, de Caen. - - - - - - - - - - -
id. par Hermann Kellner, de Lipsick, élève de Croisat.

3. Coiffure, par Teissier, d'Amsterdam, sur un peigne Diophas
à 2. Rouleaux. - - - - - - - - - - - - - - - -
6. Coiffure par Bussit, rue & Terrasse Vivienne, 13. - - - -

arrangé le devant, il conduit sa gaze auprès de la touffe droite formant dans le trajet une lame ou une torsade de chiffon ; un second bouillon entoure et domine les boucles sur lesquelles la gaze se tient appliquée, par le moyen d'épingles qui la cousent sur le crêpé des frisures.

N. 5. — COIFFURE de **M. TEISSIER**, d'Amsterdam.

Un peigne diaphane, à deux rouleaux, recouvert de cheveux lisses, et un chignon raccourci, composent cette coiffure, ornée de deux branches de fleurs des champs. Les tresses, qu'on établit commodément en faisant poser la main de la dame sur les bandeaux, passent sous les oreilles et vont se perdre dans le chignon. Cette coiffure, vu les tresses et les fleurs qui retombent assez bas, s'adresse à des femmes jeunes ayant le cou un peu long.

Exécution du chou.

Lorsque les cheveux sont attachés, on pose le peigne le petit rouleau en avant (la fourchette se trouve placée à l'envers, mais cela n'offre aucun inconvénient). Je dois observer qu'avant de poser le peigne on rabat une mèche en avant sur laquelle est planté le peigne ; cette mèche est ensuite ramenée en arrière, traversant les rouleaux pour aller former le chignon. Toutefois, le chignon ne se fait qu'après avoir couvert les rouleaux avec des mèches lisses que je recommande de bien unir avec une éponge trempée dans une infusion de pépins de coings (1). Les fleurs ajustées sur des épingles tiennent dans le lien des cheveux.

N. 6. — Par **M. BUSSE**, membre de l'Académie.

Dans cette coiffure il n'y a rien de difficile, si ce n'est la pose des marabouts, ornement qui, par sa fragilité, exige beaucoup de soins. Ainsi, trois ou quatre coques doubles formeront le chou, et des touffes faites avec des cheveux de douze pouces donneront, à tout homme ayant coiffé, des frisures ondoyantes comme celles que nous offrons ici. Là n'est pas le difficile ; ce qui est rare et précieux dans une exécution semblable, c'est de poser les ornements sans les abîmer, sans les ternir, et voici comme nous conseillons à nos lecteurs de s'y prendre. Si l'on veut poser les marabouts séparément, il faut pour ceux qui approchent du chou, les ajuster sur des épingles pour n'avoir simplement qu'à les planter dans le lien des cheveux, et ceux qui accompagnent les touffes, on les réunit *en agrafe* pour qu'une seule épingle les tienne à la fois. Si l'on préfère imiter une *demi-couronne*, on devra les monter à l'instant sur un fil de fer (une épingle double étendue peut servir parfaitement pour cela, et la pose en est plus simple). Mais quelle que soit la monture, il faut, après avoir établi sa coiffure, corriger et façonner ces plumes folettes au moyen d'une pince à fleurs, afin de ne pas graisser leur duvet ni salir les tiges, qui d'habitude sont recouvertes en papier Joseph.

---

(1) Cette préparation, admirée à l'exposition de 1834, je la mis dans le commerce en 1832; incessamment j'en donnerai la bonne recette.

DES

TOUPETS MÉTALLIQUES,

OU MANIÈRE DE PRÉPARER LES RESSORTS SELON LA CONFORMATION DE LA TÊTE.

Au Cent-Un seulement appartient de traiter de l'état de coiffeur dans toutes ses parties, car lui seul reçoit les remarques ainsi que les découvertes que font de toutes parts les meilleurs praticiens. C'est dans ce sanctuaire de la science que chaque artiste habile vient déposer ses secrets, laissant à l'éditeur le droit de les publier dans l'ouvrage pour l'agrément de nos lecteurs.

Un confrère de *Saint-Pétersbourg*, *Farge-Andrieu*, nous ayant adressé quelques détails sur sa manière de procéder à la confection de toupets à carcasses métalliques, nous les consignerons dans ce volume, persuadés qu'ils seront d'une grande utilité pour tous les coiffeurs qui s'occuperont de postiche. Voici comment il s'exprime : Un homme veut-il avoir une perruque ou un toupet métallique, je lui pose d'abord un ressort sur la tête, et m'assure s'il ne descend pas trop sur les oreilles, parce que cela serait gênant ; après avoir placé le bec du métallique à la naissance des cheveux sur le front, ou bien là où il faut que le toupet commence, je coupe la branche par derrière au point où la monture doit se terminer. Cela fait, je brise mes bandes en commençant par celle qui est trempée. Comme le ressort décrit toujours une ligne ronde et régulière, et qu'il est rare qu'il porte bien sur toutes les parties de la tête, mon premier soin est de découvrir les endroits où il y a du jour. S'il s'en trouve, je pose le bout du pouce sur la partie du fer qui ne porte pas sur la tête, et j'appuie fortement, puis je passe une paire de ciseaux dessous la bande ; de la main gauche je presse le ressort, et, avec les ciseaux que je tiens de la main droite, je le relève un peu. Dans cette position, il suffit de faire un mouvement un peu fort pour faire ployer la bande et la faire plonger dans la cavité la plus grande. Il arrive quelquefois qu'après avoir brisé le ressort l'oreillon ne touche plus la tête ; alors il devient nécessaire d'aller un peu plus loin donner un coup dans le sens opposé, et le fer porte bien : il en est de même pour l'autre côté, ainsi que pour la bande molle, car avant d'enlever le métallique il ne faut pas qu'il y ait un seul jour. Cela fait, je prends la mesure de la tête afin de pouvoir choisir une marote de la même force, et sur laquelle j'applique le ressort avec précaution. Deux pointes le tiennent immobile sur cette tête, et des morceaux de papier ou de carte mince, qu'on recouvre ensuite avec du plomb ou du parchemin, viennent remplir les intervalles qu'il peut y avoir entre le bois et le fer ; opération qui se fait très-facilement, car du moment où le fer est bien fixé sur la marote, on n'a qu'à remplir tous les vides sans planter une seule pointe, car d'habitude je ne cloue qu'à la fin, lorsque les feuilles de recouvrement sont mises, et que la tête est garnie de manière à ne laisser voir aucun jour.

La marote étant ainsi préparée, je garnis le ressort avec du ruban renforci et de la peau mince aux oreillettes, ensuite je fais ma monture avec l'assurance que le toupet ne bâillera pas, par la raison que j'ai donné à ma carcasse la forme exacte de la tête de la personne, et que cette carcasse m'ayant servi à reproduire toutes les protubérances qui se trouvent chez l'individu, il est impossible, quand même le ressort se serait dérangé en le garnissant, que le toupet ou la perruque ne colle parfaitement bien.

DE LA COIFFURE

PAR RAPPORT A LA COUPE DE TÊTE.

QUATRIÈME LEÇON DE L'ART DE COIFFER.

Première partie.

E   F   G

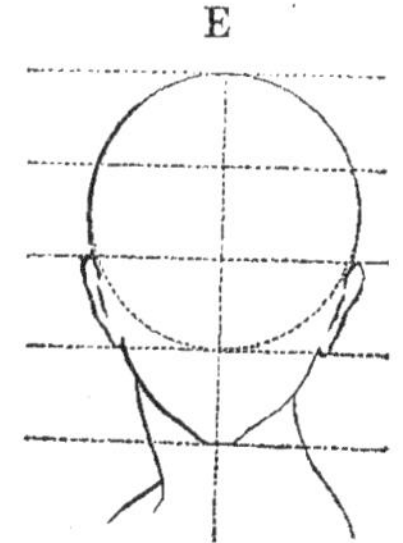 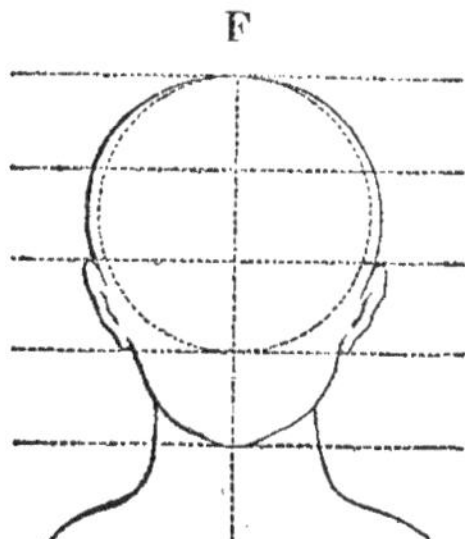 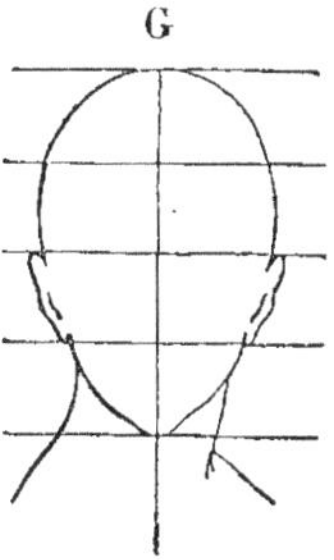

Lorsqu'un coiffeur a relevé les cheveux, qu'est-ce qui lui commande d'établir sa coiffure au bas de la fossette, sur le haut de la tête, droite, ou de côté ? qu'est-ce qui lui dit de faire le chou tantôt large, tantôt étroit, ou bien de poser sa fleur ou toute autre chose qui domine l'échafaudage sur le côté de la coiffure, ou bien au milieu, autrement dit sur la ligne du nez ? Ce n'est pas assurément la mode ; car, de même qu'en poésie, la rime doit obéir au sens ; en coiffure, la mode doit se plier aux exigences de la forme de tête de chacun. Je ne parle pas des habitudes et des manies, qui, chez certaines personnes, forcent le coiffeur de sacrifier les règles de l'art ; ce sont des exceptions qu'un artiste instruit peut faire disparaître en démontrant les avantages des principes que prescrivent la raison et le bon goût. On m'objectera peut-être que le coiffeur ne mène pas toujours la pratique comme il veut, et que souvent même il rencontre mari, sœur, mère et tante, réunis en conseil pour décider de la pose d'une coque, du jet d'une boucle ou d'une fleur ; je connais tous ces petits inconvénients-là, et je vais dire comment je me tire d'affaire en pareille occurrence. En homme qui raisonne son état, je fais ressortir tous les avantages de ma manière de faire, ensuite j'explique pourquoi la chose proposée n'est pas admissible (si toutefois elle est hors de propos) ; si le conseil, appréciant les avantages que la marotte pourra tirer d'une parure en harmonie avec sa coupe de tête, convient qu'il était dans l'erreur, je donne pleine carrière à mes idées, et alors la mode, conciliée avec le genre particulier qui peut embellir la femme, prend un aspect flatteur ; au contraire, si le conseil persiste quelquefois, je sacrifie péniblement l'art à la fantaisie, souvent même, cachant ma fureur sous un air de complaisance, j'exagère ce qu'on me demande, et en m'en allant de chez une carricature du jour, pour me dédommager de mon martyre d'un moment, je ris de ce que j'ai fait de risible, c'est toujours un petit dédommagement ; mais laissons les travers de la coiffure pour nous occuper de ce qui peut être utile et procurer de l'agrément.

Je dis donc que ce n'est point la mode, le caprice, ni les sots conseils qui doivent déterminer un artiste à placer la coiffure à une place plutôt qu'à une autre, mais bien la forme de la tête ; comment en serait-il autrement, ne faut-il pas toujours chercher à raccourcir les figures qui sont d'une longueur disproportionnée ? ne faut-il pas aussi, quand le visage a trop de largeur, chercher à l'allonger pour lui donner l'apparence de l'ovale? Ceci est frappant de vérité, et je me dispenserai d'appuyer mon raisonnement sur d'autres exemples.

Raccourcir les figures longues et allonger celles qui sont courtes n'est pas chose difficile, certainement, mais encore faut-il connaître les proportions d'une tête bien faite, car il serait impossible d'apercevoir des défauts dans une chose dont on ne connaîtrait pas le beau idéal. Je sais bien que quelques coiffeurs sont parvenus à un certain degré de talent, sans qu'ils aient jamais possédé la connaissance de l'échelle des proportions, et qu'on pourra m'objecter cela pour me démontrer qu'il est inutile au coiffeur de faire aucune étude; je sais qu'il y a eu, qu'il y aura encore longtemps des routiniers qui préféreront un rester renfermés dans une étroite ornière plutôt que de se lancer librement dans le vaste champ que les Cent-un défrichent; comme je sais aussi qu'il y a un certain nombre de praticiens qui, parce qu'ils ébauchent comme on dit un peu de tout, se croient au-dessus des études qu'on pourrait leur offrir, se croyant la dose de qualités que la nature avare ne donne qu'à un très-petit nombre d'individus.

Qu'on ne croie pas que je cherche à dire des choses mortifiantes au corps d'état; non, là n'est pas mon intention; professeur, et d'un caractère indépendant, je signale l'erreur des uns, l'ignorance et la stupidité des autres, ayant soin aussi de ne pas confondre les hommes extraordinaires, qui sans rien avoir appris savent tirer un beau parti de la coiffure. Je reprends ma leçon.

Une tête bien faite est celle qui n'a en largeur que les trois quarts de sa hauteur (voyez *fig.* E, tête ovale). Cette tête, par sa conformation, comporte indistinctement tous les genres de coiffure, c'est celle qu'un coiffeur parvint à parer sans se donner aucune peine. Je conseille à tout coiffeur qui n'aurait pas appris le dessin, de s'exercer à tracer cet ovale, cela le pénétrera mieux des proportions dont il faut chercher à se rapprocher lorsque la nature s'en écarte (1).

La tête courte, celle qui a besoin qu'on l'allonge par la disposition des masses et l'ensemble de la coiffure, c'est celle qui a en largeur plus des trois quarts de sa hauteur (voyez tête F); dans cette conformation de tête, il y a plus ou moins large : si le cercle qui prend trois parties (2) est dépassé d'un huitième de chaque côté, la tête est un peu forte; s'il est dépassé d'un quart de partie, la tête est large, et s'il y a un excédant plus grand, la tête est ronde. Une tête a besoin d'être raccourcie lorsqu'elle n'a pas en largeur les trois quarts de sa hauteur (voyez tête G); dans cette conformation de tête le défaut est plus ou moins grave, selon que le cercle dépasse plus ou moins les côtés de la tête.

DESCRIPTION DES COIFFURES.

N. 1. — COIFFURE de **M. NOUGARET,** de Lyon.

Il est un genre de coiffure qui, ainsi que le *turban*, exige une étude particulière : c'est *l'antique*; l'antique, ce type de coiffure qui couronne avec tant d'élégance un front majestueux; l'antique, ce genre qui exige tant de pureté dans l'exécution.

Cette coiffure rappelle le diadème des impératrices romaines. Pour l'exécuter il faut, après avoir séparé les bandeaux sur le milieu du front et lustré les che-

(1) Pour tracer une tête ovale vue de face, il faut décrire un cercle au compas, le diviser par tiers, et ajouter un tiers ou partie au-dessous; ensuite on décrit une ligne perpendiculaire au milieu; puis, par une courbe tirée de chaque côté, on forme les joues.

(2) La tête se divise en quatre parties dans sa hauteur (voyez page 4); on nomme *quart de tête* une de ces parties.

e Livraison
3
1
2
60
101 Coiffures de tous les Pays.
4
5
6
Sommaire.
...ffure de Mme Nougaret, rue du Plâtre, à Lyon...........
id. de Mr Fournier, r. du petit Lyon St Sauveur, à Paris
id. de Mme Pauvert, rue Paradis, à Marseille.......
4 Coiffure de Mme Fauvel, de Rouen, Elève de Croisat.....
5 . id. Exécutée par Croisat............
6 . id. de Mr Mory, fils, d'Abbeville, Elève de Mr Dul...

veux avec la brosse *oléoine*, les nouer au bas de l'occiput, et fixer une fausse natte près du cordon. La moitié des cheveux se jette à droite, et l'autre moitié à gauche. Un fil de fer, qui tient toute la longueur de la fausse chevelure, est cousu sur le trognon. Après cela, avec les deux tiers des cheveux de la femme, on fait la coque - *portemanteau*, laquelle enveloppe la monture des cheveux artificiels. Ensuite, après avoir formé les bandeaux plats, on tresse les longs cheveux où se mêlent les fils de fer ; puis on dirige chaque tresse en avant pour les entrelacer en forme de diadème sur la raie des cheveux.

Quelques petites épingles noires suffisent pour réunir ces masses, qui, par le mélange du laiton, se soutiennent déjà bien.

Pour avoir plus de facilité à construire les masses de couronnement, on peut, après avoir formé le chou par derrière, poser un ruban (n. 3) autour de la tête pour y fixer les tresses ; et dans ce cas, comme le ruban serait aperçu par-devant, je conseille de garnir cette partie d'un collier ou d'un bracelet mis à plat.

N. 2. — COIFFURE de **M. FOURNIER**, de Paris.

Les coiffures historiques étant en honneur, nous en donnerons une dont le devant est imité de *Diane de Poitiers*. Pour l'exécuter il faut, après avoir formé les trois rouleaux qui sont faits sur des bourrelets ouatés, diviser les cheveux de devant en trois parties. Celle du milieu occupe tout l'espace à partir d'un angle frontal à l'autre, et sert à former le petit tapé qui se replie en dessus ; avec les cheveux des tempes on formera des boucles courtes et légères, moins fournies qu'elles le paraissent, vu que le coup de burin a été donné un peu trop fortement. Après cela, avec deux petites torsades ajustées sur un petit peigne fixé dans l'une des touffes, on vient couronner le tapé, où se mêlent, ainsi que dans les frisures, sept ou huit épis d'or.

Cette coiffure exige un front très-uni.

N. 3. — Par **M. PAUVERT**, de Marseille.

Pour imiter ma coiffure, dit M. Pauvert, il faut attacher les cheveux un peu *serré*, les partager en trois branches égales ; avec deux de ces branches faire deux *circassiennes*. La troisième mèche, divisée en deux, sert à couvrir les tresses, qui, entourées de perles, donnent les deux rouleaux détachés, rouleaux qu'on obtient aussi avec les peignes *diaphanes*. Les pointes employées aussi en rouleaux garnissent le pied de la coiffure, dont le côté droit est orné de glands de perles. Les fleurs qui cachent les petits peignes ne se posent que lorsque les *anglaises* sont tout à fait terminées.

N. 4. — COIFFURE par **M. FAUVEL**, de Rouen.

Cette coiffure de soirée est exécutée sans épingles et sur un peigne à deux rouleaux. Les touffes, très-tombantes, sont serrées par des petits peignes, sur lesquels sont fixés, à l'avance, les nœuds de velours qui flottent de chaque côté.

N. 5. — COIFFURE exécutée par **M. CROISAT**.

Ce chiffon est on ne peut plus facile, et on le fera avec trois quarts de tulle illusion coupé en deux, savoir : un quart pour mêler au chou, et une demi-aune pour faire le tour de figure.

Exécution : le peigne H ou un tampon sert de fondation ; on y passe une mèche de cheveux à plat pour le masquer ; ensuite on prend le petit morceau de tulle, on l'attache au milieu du rond lisse, on le plisse en biais dans toute sa longueur, puis on y tourne une mèche de cheveux, après quoi on pose cette sorte de torsade sur les trois piques du peigne qui la tiennent solidement. Pour la pose du grand morceau il faut, en frisant les boucles, se ménager une petite mèche vers le milieu du front, ainsi qu'une papillote de chaque côté de la tête ; on prend son chiffon en biais et par le milieu, on le porte sur le milieu du front pour l'y attacher au moyen de la mèche ménagée à cet endroit, ayant soin de poser la mèche en rabattant et non en relevant ; bien entendu qu'une épingle sert pour établir ce commencement de coiffure ; cela fait, on prie la femme de poser un doigt sur l'attache, afin de ne pas l'ébranler en bouillonnant son tulle que l'on conduit de chaque côté, ayant soin de l'assujettir en passant sur les papillotes ménagées à cet effet.

Pour obtenir que le tour de figure ne se dérange pas, il faut que les papillotes en question soient mises fermées et roulées bien près de la tête, seul moyen d'épingler solidement.

Je recommande cette coiffure pour un dîner, un concert ou le spectacle.

N. 6. — Par **M. MORY,** d'Abbeville.

La coiffure basse est la coiffure de la jeunesse ; et celle-ci s'adresse aux demoiselles, par la raison qu'ayant généralement de la fraîcheur, elles n'ont besoin de rien qui rehausse leurs attraits. Pour l'exécuter il faut diviser les cheveux en trois branches, et employer deux bourrelets, l'un de huit pouces et l'autre de dix. Le petit, fixé à la gauche du cordon et couvert d'une mèche, se dirige à droite ; le grand, fixé derrière la ligature et couvert aussi de cheveux, est lancé à gauche et se tient en l'air ; la troisième mèche sert à faire les deux coques de fermeture, et les bouts de cheveux entourent le pied du chou, de manière qu'aucune masse ne pose sur la tête. Le reste se fait à l'avenant ; frisures lâches et fleurs posées sans prétention.

UN PETIT POSTICHE.

On compte dans le postiche, ou faux cheveux, deux parties bien distinctes : le grand et le petit postiche. Dans le grand postiche l'on range les perruques, les toupets et toutes les grandes pièces de cette nature ; dans le petit postiche l'on comprend les tours, touffes, cache-peigne, etc. Ces dernières pièces, quoique les moins importantes du travail de la table, n'en sont pas les plus aisées à établir, car, tout coiffeur le sait, rien n'est plus vétilleux et plus variable que cela.

Les touffes sur peignes, faites d'abord sur une monture garnie de ressorts, offrirent un travail lourd ; il fallut donc les coudre tresse sur tresse, afin de ne pas encombrer les dents du peigne. Cette manière prévalut à la façon première, et chacun établit les anglaises, ainsi que les touffes, dans ce genre-là.

M'étant aperçu que le peu d'espace qu'on donnait à la monture produisait une forte épaisseur sur le peigne, et que cette espèce de bosse est d'un très-mauvais effet lorsque les boules se défrisent, j'ai imaginé de tourner la tresse sur de la cannetille, et d'en former plusieurs branches que j'étage les unes sur les autres, tout comme une fleuriste fait des petites branches de feuilles qui accompagnent une fleur. Cette espèce de patte d'araignée se termine par une seule tige, fort mince, et couverte de cheveux jusqu'à l'extrémité, qu'on fixe sur le peigne par un point fait à chaque dent et tout près du dossier.

J'observe que ces touffes, qui prennent toutes les formes, vu que les tiges ont beaucoup de flexibilité, n'exigent pas de recouvrement, seulement on cache l'extrémité de la tige par un nœud formé avec une passée prise à cet endroit, et qui est nouée au travers des dents.

Qu'on essaie de ce postiche, et l'on verra que les boucles d'en bas s'appliqueront bien sur les tempes, et celles d'en haut se soutiendront, même sans être crêpées.

LEMOINE, de Caen, *membre de l'académie de coiffure.*

Sommaire

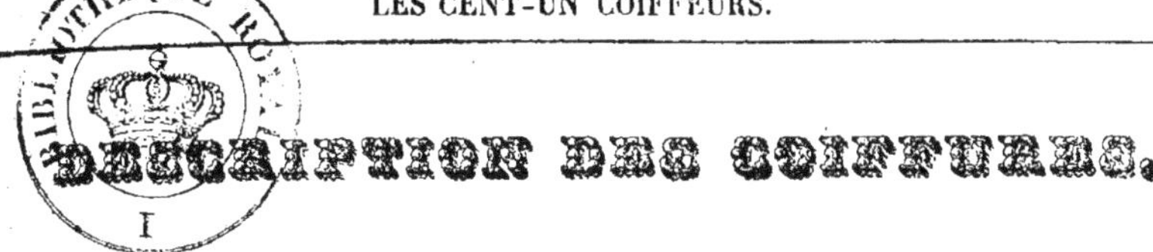

DESCRIPTION DES COIFFURES.

Nᵒˢ 1 et 2. — Coiffure de M. FÉLIX.

La méthode que je publiai en 1831, dit que les coiffures en racines droites conviennent de préférence aux personnes jeunes, fraîches, et ayant le visage arrondi ; l'auteur de cette charmante composition ayant senti cette vérité, a choisi un visage plein pour s'harmoniser avec sa *chinoise*. C'est à lui aussi que nous devons la collerette en queue de paon, ajustement qui rappelle la mise des dames de la cour d'Henri III, et celle de la reine Elisabeth d'Angleterre, femmes qui portaient, avec les collerettes à tuyaux, les cheveux relevés sur le front et des quantités de bijoux dans leurs coiffures. Pour exécuter celle-ci, il faut lier les cheveux sur le derrière de la tête à la hauteur des sourcils, les diviser en trois parties, une pour le chignon, une pour le rouleau-lisse, et une autre pour la tresse de couronnement. Le rouleau se fait, d'abord, à l'aide d'un bourrelet garni de coton, à moins qu'on n'aie assez de cheveux pour le faire naturel. La tresse, qui doit être bien serrée, se dirige de devant en arrière, et est soutenue par deux épingles doubles qui entrent dans le cordon. La mèche servant à faire le chignon, mèche qui est restée à la gauche sur le devant du lien, est passée au travers des deux premières masses, pour être ensuite crépée et repliée en dessous : voilà pour le travail des cheveux ; quant aux ornemens, on commence par la plume de derrière, dont la tige est cachée sous la *coque-chignon*. Celle d'accompagnement, cambrée *au pouce*, est ajustée sur une épingle double qu'on pique dans le lien. Le bouquet de pierreries est fixé à la gauche sur le devant de la coiffure, l'épingle à tête est plantée tout simplement dans le chou, et le bijou du front tient par le moyen d'une petite mèche qu'on laisse à cet effet, et qui, après avoir entouré la tige, est ramenée en arrière où elle se perd.

Nᵒ 3. — Par M. CROISAT.

Cette coiffure est tellement simple qu'elle exige une propreté excessive pour qu'elle produise de l'effet, et encore faut-il qu'elle soit faite à des personnes jeunes, ayant la figure et le maintien gracieux. Une torsade à coulisse *, voilà tout le travail des cheveux ; un cordon de fleurettes, voilà tout l'ornement ; ici, tout le mérite est dans la pose galante de la fleur, dans la délicatesse de la torsade qui, serrée sur le lien, se détache de la tête et dans le lustre donné aux cheveux avec la brosse *oléoïne*, dont l'usage est si simple, qu'un coiffeur serait répréhensible si on ne se mirait dans ses coiffures, ou bien si l'on voyait se détacher un seul petit cheveu.

Nᵒ 4. — Par le MÊME.

Jusqu'à ce jour je m'étais occupé plus particulièrement des effets de la coiffure que du travail de la main, et j'avais cru qu'il suffisait au coiffeur d'embellir les femmes. Mais voilà que je me surprends à lisser, polir et tirer en long ces filamens que de tout temps je m'étais efforcé à tresser et à masser sans minauderie ni recherche. C'est qu'alors les yeux n'avaient pas encore pris l'habitude des Ferronnières, des Berthes et des Chinoises, tous genres de coiffures qui impriment un caractère de simplicité, et qu'en l'absence de charmes réels, de ces charmes enivrans qu'on trouve dans les parures suaves, que les femmes ont adopté depuis quelques années, il fallait nécessairement trouver, par des procédés artistiques (j'allais dire physiques), les moyens d'agir artificiellement, afin de

---

* Cette torsade est celle que j'inventai il y a trois ans. On la fait en intercalant une petite natte entre les mèches lorsque la corde est établie ; et, après avoir ainsi placé sa coulisse, on en entoure un des doigts de la main gauche, puis on repousse la torsade sur elle-même, et les masses se serrent en grossissant.

procurer à la majeure partie des femmes une seconde existence de physionomie, un visage de convention ; aujourd'hui, donc, je lustre mieux les cheveux, parce que les coiffures sont simples, et je commencerai ma description par conseiller le fameux coup de brosse OLÉONIEN. Je sais que la pommade, écrasée dans les mains, peut parfaitement remplir l'objet, et d'ailleurs nos grands pères ne connaissaient pas de brosses mécaniques. Mais, si l'on considère le nombre de fois qu'on est obligé de retourner prendre de ce cosmétique, on me permettra bien de croire que, souvent, on pourrait négliger de lisser certaines mèches pour ne pas retourner souvent au malheureux petit pot. Enfin, après avoir brossé la chevelure en tous sens et dans toute sa longueur, afin de bien les enduire partout, on détache sur le côté droit de la tête, avec la mère dent du peigne, une mèche qui sert de cordon pour nouer les cheveux : ce moyen est fort commode quand on veut planter des épingles dans le trognon du chou. Après cela on fixe auprès du lien un rouleau de 18 pouces de longueur, on en couvre le tiers avec une mèche qu'on lisse et qu'on étend à coups de brosse, opération qui se fait très-facilement, surtout si l'on a quelqu'un pour tenir le rouleau. L'anneau supérieur étant terminé, on fait le second de la même manière, ce qui reste du rouleau, étant un peu mince, est employé au pied de la coiffure, et le tout représente un serpent de cheveux mordant la tige de la fleur. La mantille, ornement qui rappelle une coutume espagnole est jetée négligeamment sur le devant de la tête, comme pour garantir du froid une dame qui va passer sa soirée au spectacle ou au concert, ainsi que cela se voit journellement cet hiver.

N° 5. — Par M. ROUZIER jeune (de Nevers.)

Le peigne L sert de base à cette coiffure, qui se compose : d'un rouleau lisse, d'une tresse et d'une corde à puits. — Exécution : Divisez la chevelure en trois, et vous obtiendrez ces trois masses, que vous poserez tout uniment sur les trois cercles ; cependant, pour ne pas éprouver d'embarras, il faut faire sortir les cheveux au travers du peigne, et faire partir toutes les masses du haut en bas. La fleur, ajustée sur une épingle, est jetée à gauche, où elle flotte négligemment.

N° 6. — Par M. LAUNE (d'Avignon.)

Pour l'exécution de cette coiffure, il faut diviser la chevelure en quatre mèches, dont une plus épaisse que les autres. Avec les trois qui sont égales et qu'on crêpe *fin et serré*, on forme les trois coques doubles, qu'on fixe avec des épingles un peu courtes, afin qu'elles ne ressortent pas au travers de la ligature, où elles sont plantées. La quatrième mèche, formant la corde à puits, est lancée autour de la coiffure et penche légèrement à droite, comme pour suivre le mouvement de la fleur. Des perles ceignent le front : cet ornement se pose plus ou moins bas, selon que la figure est longue. Un coiffeur exercé juge de cela au premier coup-d'œil.

* * *

LETTRE

ADRESSÉE

A M. CROISAT, par M. BULL de Liége,

EN RÉPONSE

AU 1er ARTICLE DE LA 1re LIVRAISON DE LA 2e ANMÉE.

MONSIEUR ET CHER PROFESSEUR,

C'est une justice à vous rendre, vous montrez un courage extraordinaire dans l'entreprise difficile que vous fîtes il y a quatorze mois. Peu compris de beaucoup de nos confrères,

UN GRAIN D'AMBITION.

« Les Templiers ont été éteints, écrivait Laurent Ganganelli à son bien-aimé Carlo Bertinazzi, quand les rois et les papes l'ont jugé à propos. »

Je croyais aussi qu'après la mort du malheureux Jacques de Molay, leur grand-maître, les soldats du Temple avaient été pour la plupart tués ou dispersés, lorsque j'appris que cet ordre, si redoutable et si justement redouté, que l'on croyait anéanti depuis le quatorzième siècle, n'avait jamais cessé d'exister, secrètement il est vrai, et qu'il subsistait encore en 1834, moins puissant, mais aussi resplendissant que jamais !

Ce fut un jeune poète, aux cheveux romantiques et à la barbe rouge, longue et touffue, que je rencontrai chez le très-jovial et très-spirituel auteur de l'*Ane Mort*, qui m'apprit tout cela.

Quoi ! Monsieur, lui dis-je, le sourire de l'incrédulité sur les lèvres, cette institution illustre et malheureuse, ruinée par les deux puissances spirituelle et temporelle, existerait encore ? Avec ses statuts, ses dignités, son costume ?

— Oui, Monsieur,

— Serais-je indiscret en vous demandant quel but se proposent les nobles héritiers de Jacques de Molay ?

— Celui de conserver le feu sacré jusqu'au jour de la régénération !

Je fis encore quelques questions auxquelles le jeune peintre répondit avec une extrême réserve et d'un air si mystérieux, que craignant d'être importun, je le saluai et je fus m'asseoir dans un coin obscur, loin de la plus délicieuse musique que j'aie entendue de ma vie.

Le jeune peintre dans le court et mystérieux entretien que nous venions d'avoir ensemble, m'avait donné à penser qu'il pourrait bien être lui-même un des membres de cette sublime institution échappée si miraculeusement aux ravages du temps

et à la barbarie des hommes. Je le regardai donc attentivement, et il me sembla que sa figure était belle et noble ; peu à peu, à mon insu, je me pris à le considérer avec le respect que tout esprit élevé éprouve en présence d'un monument historique ! Etre un soldat de la croix, marcher à l'ombre du *Beau-séant*, me semblait le comble de la félicité humaine ! Je résolus donc, moi, bon et paisible ami des lettres, de me faire recevoir Chevalier du Temple !

Sotte ambition ! direz-vous ; d'accord ; mais qui n'a pas eu en ce monde son *grain d'ambition*.

Je m'informai du nom et de la demeure du jeune peintre, et deux jours après, je fus lui rendre visite.

— Monsieur, lui dis-je, vous m'avez raconté l'autre soir des choses si merveilleuses, si peu croyables, que je viens vous demander si vous n'avez pas eu l'intention de vous égayer un peu à mes dépens ?

— Non vraiment, Monsieur, tout ce que je vous ai dit est de la plus scrupuleuse exactitude. L'ordre du Temple a toujours existé ; les membres qui le composent ne sont point, à la vérité, réunis en corps. Dispersés dans le monde, les uns remplissent des emplois, les autres cultivent des professions, tous paient exactement leurs contributions et montent leur garde scrupuleusement ; bons époux et bons pères, ils n'en appartiennent pas moins à la milice sacrée du Temple. Et, si la glorieuse trompette de la résurrection sonnait pour eux, on ne les verrait pas moins se ranger, comme autrefois, sous cet illustre *Beau-séant*, si souvent couronné par la victoire.

Ce petit discours héroïque, héroïquement débité, m'enflamma d'un saint zèle et me donna le courage d'exprimer le désir que j'avais d'être admis, si l'on m'en trouvait digne, à ceindre l'épée du Tem plier. Le jeune peintre me regarda avec étonnement, devint pensif; puis, après s'être promené quelque temps en silence, me demanda d'une voix sévère : — d'où vous vient ce désir?

— De vous, Monsieur !

— Ne seriez-vous pas plutôt poussé par une vile ambition, une soif coupable de distinctions et d'honneurs; peut-être vous laissez-vous dominer par le désir de jouir des immenses avantages que l'ordre procure à ses membres ? — S'il en était ainsi!....,

— Ah! monsieur, m'écriai-je, ce n'est pas après avoir écrit contre cette monomanie mesquine qui fait attacher du prix aux distinctions frivoles, ce n'est pas après avoir élucubré de longs chapitres sur l'ambition que... D'ailleurs, je vous avoue, à ma confusion, que je ne connais aucuns des immenses avantages dont vous parlez, et qu'ainsi je ne puis, en aucune façon, les ambitionner !

— C'est bien, dit le peintre, pardonnez-moi cette espèce d'examen de conscience, mais il était nécessaire. Je suis bien avec le comte consistorien archevêque du grand Convent, je lui parlerai, et Dieu et le *Beau-séant* en aide, nous réussirons, je l'espère.

La peur me prit en entendant ces mots. Bien qu'ignorant les immenses avantages qui pouvaient résulter de mon entrée dans le saint ordre du Temple, je savais pourtant qu'on n'était admis dans les grades élevés que tout autant qu'on faisait preuve de noblesse, et mon grand père n'était qu'un négociant, mon père un obscur rentier. Pour la première fois je me surpris à murmurer contre l'imprévoyante Providence qui ne m'avait pas fait naître comme tant d'autres, duc ou comte !

Je ne voulais pas languir dans les degrés inférieurs. Quoique j'eusse plus d'une fois déclamé contre l'ambition, déjà l'ambition me dévorait, et, pour la première fois, ma bonne et douce obscurité me faisait rougir. Il fallut pourtant bien avouer que j'étais un vilain, vilain, très-vilain !

Je vous laisse à penser ma joie quand la Barbe-Rouge me tint ce langage :

— Si vous n'avez que cela contre vous, ne craignez rien; les plus grands hommes dont s'honorent les sciences, les arts, les lettres, n'ont pas eu d'autre origine. L'ordre du Temple est une institution intelligente et progressive; elle tient moins à la noblesse du nom, noblesse de hasard, qu'à la noblesse des sentimens. Pour celle-là, elle y tient, elle y tient beaucoup! Je suis roturier moi, et cependant, tel que vous me voyez, je suis revêtu d'une des plus hautes dignités de l'ordre : je suis comte consistorien et grand amiral de l'ordre !

— Grand amiral de l'ordre!..... m'écriai-je; comte ! Ah ! j'aurais dû le deviner à la noblesse de votre figure, à la dignité qui préside à tous vos mouvemens! Et ce disant, je me levai respectueusement; mais le grand amiral de l'ordre, comte consistorien, me fit signe, en souriant, de me rasseoir. C'était un homme d'esprit, qui, connaissant le néant des distinctions humaines, ne s'énorgueillissait nullement de celles qu'il possédait.

Je sortis plus enchanté que jamais, admirant, à part moi, les progrès merveilleux de cette philosophie tant dénigrée, qui avait introduit le mépris des distinctions nobiliaires jusque dans les institutions du douzième siècle. Et pourtant je ne pouvais m'empêcher de penser que l'ordre était quelque peu dégénéré ! Car je trouvais qu'il y avait loin de mon air bonhomme au portrait que fait Walter-Scott de Brian de Bois-Gilbert ! J'ai bien, comme lui, les cheveux bruns, la barbe noire, le teint, les yeux, et les sourcils de même couleur : mais quelle différence! Les démarches officieuses du grand-amiral de l'ordre eurent un prompt résultat.

Admis au noviciat et revêtu du titre de noble, très-fidèle et très-cher frère novice, on me demanda si je voulais parvenir par les dignités ecclésiastiques ou conquérir au fil de l'épée celles qui s'accordent à la bravoure. — J'admire le courage civil, qui est peut-être le plus beau et le plus grand des courages; mais combien j'aime le courage militaire ! — J'expliquai très-brièvement à mes futurs collègues qu'ayant eu l'honneur de combattre deux fois pour la défense des lois, je préférais de beaucoup l'épée à l'hermine, et qu'en conséquence je voulais être chevalier !

Ma réception à ce grade, qui eut lieu dans l'ancienne Cour des Miracles, fut peut-être une des plus brillantes de l'Ordre. Toutes les sommités avaient été convoquées sans exception ; rien de plus magnifique, de plus imposant que ces costumes ; rien de plus riche, de plus pittoresque que le Grand-Convent éclairé par mille bougies odorantes. — Outre les officiers ordinaires du Convent, j'eus l'insigne honneur de compter parmi l'assemblée son altesse très-grande et très-excellente le prince sérénissime monseigneur le lieutenant-général Jehan-Stanislas de Meschasscbée!.. Les très-illustrissimes, très-honorés seigneurs comtes Consistoriens, très-nobles frères Arthur-Tombolo de Tashcrek, grand maréchal de l'ordre, Jules-Boromée-François-Latour d'Estauy de la Cochinchine, gouverneur-général pour le grand-maître ; Bartholomé-Appollinaire-Sheranis, comte de Colombie, duc de Célinie, grand-bailli et haut-justicier ; enfin une foule compacte d'illustrissimes, d'excellentissimes, d'éminentissimes, d'honorabilissimes personnages, parmi lesquels le grand-amiral de l'ordre figurait, la poitrine chamarrée de plusieurs ordres et rubans, avec une gravité digne des plus beaux temps de la chevalerie. Après une kyrielle de cérémonies bizarres, indescriptibles, on me fit prononcer sur la croix et sur l'épée un triple vœu d'obéissance, de pauvreté et de chasteté. Je promis aussi de faire tous mes efforts pour recouvrer, à l'aide de mes très-illustres, très-excellens, très-éminens frères, le tombeau du Dieu fait homme et la terre *arrosée* de son sang ; je jurai en outre de garder, même au milieu des tortures les plus cruelles, les divins secrets de l'ordre ; de chérir mes frères, et d'adorer mes sœurs les chanoinesses, ce que je fis de très-bon cœur, car, je dois l'avouer, elles étaient presque toutes jeunes et jolies.

Je promis de travailler à la conversion des incrédules et des infidèles, avec la parole et avec l'épée ; puis, après un beau et touchant sermon, que je ne compris qu'à demi, on me revêtit avec pompe de l'habit de l'ordre ; le grand-maître me chaussa les éperons ; un évêque *in partibus*

bénit mon épée. Bref, je fus proclamé et consacré au nom du Père, du Fils et du Saint-Esprit.

Cela fait, chacun redevint peuple, chacun quitta ces riches décorations, ces somptueux ajustemens, et avec eux son air noble et belliqueux ; puis les matadores de l'ordre se groupèrent autour de moi et me félicitèrent à l'envi. L'amiral Barbe-Rouge fut remercié d'avoir introduit un sujet aussi distingué dans l'ordre.

Jamais, non jamais, je n'avais été tant fêté ; jamais mon orgueil n'avait été plus encensé, mon amour-propre plus satisfait, j'enflais à vue d'œil.

Jugez de ma joie quand le grand-maître, s'approchant de moi, me dit qu'on ne m'appellerait que très-haut, très-noble, très-puissant, très-redouté, très-illustre et très-digne frère.

J'avais dix coudées, j'étais réellement fou, fou de joie, fou à lier !

— O monseigneur, m'écriai-je! que de bonheur et de joie je sens en moi!.....

—Calmez-vous, mon très-illustre frère, vous n'êtes encore qu'à la porte des honneurs... ; mais quelque chose me dit que vous arriverez rapidement aux plus hautes dignités de l'ordre. Cependant, vous comprenez, mon très-noble frère, qu'il faudra vous résigner encore quelque temps aux emplois inférieurs ; néanmoins la charge de commandant-général de la cavalerie ne peut manquer d'être bientôt vacante, qui sait !...

—Quoi! je pourrais être commandant-général de la cavalerie, quel honneur! Moi qui justement adore les chevaux... Mais très-illust... ; mais monseigneur, obligez-moi de me dire où est casernée la cavalerie de l'ordre ; je brûle de.....

—Oh! oh! vous êtes d'une pétulance... c'est notre secret, et il ne me convient pas, quant à présent, de vous le révéler.

—Au moins, monseigneur, qu'il me soit permis de contempler le trésor de l'ordre...

Le grand-maître appela une espèce de groom, vêtu de blanc, qui ronflait dans un coin, et lui ordonna de quérir son éminentissime altesse Philogone-Ischyrion-Thomas-D'His-d'Espagne, vice-grand trésorier.

Quand celui-ci fut venu, et qu'il se fut prosterné devant le grand-maître, il l'autorisa à exposer à mes yeux les incommensurables richesses confiées à sa vigilance et à sa probité. Frère Philogone-Ischyrion-Thomas-D'His-d'Espagne ouvrit, avec les plus grandes marques de respect, et presque de crainte, un vieux coffre contenant deux tibias, une phalangine et un superbe coccix, qu'il me dit avoir appartenu aux très-illustrissimes martyrs, Jacques de Molay et Guy-Dauphin d'Auvergne; plus une épée, un bout de chaine, un casque de fer à visière, et quelques débris de fer ou de cuivre rongés par la rouille.

Je ne pouvais croire alors que des hommes réputés, dans le monde, gens d'esprit eussent été dupes de semblables niaiseries; je m'obstinai à penser que l'ordre du Temple signifiait quelque chose, et qu'en ne perdant pas courage, j'arriverais indubitablement à quelque découverte curieuse. Je me persuadai que les hauts secrets de l'ordre n'étaient connus que des dignitaires; et, sur-le-champ je me mis en tête d'obtenir une commanderie. Je manifestai mon désir à mon très-noble ami, le très-illustre amiral de l'ordre, et un mois après, grâce à sa généreuse protection, un des plus grands commanditaires de l'ordre s'étant laissé mourir (par malice sans doute) à l'hôpital, je fus nommé à sa place commandant de Ting-Fong-Hien-Thang-Han-Fou. Je ne devais pas m'arrêter en aussi beau chemin : je fus successivement coadjuteur de la langue de Syrie, commissaire-général de la Terre-Sainte auprès des puissances européennes, bailli d'Hinderson et

autres lieux. Je m'étais successivement appelé frère Théodore Marsillac de Pré-Saint-Père, frère Théodore Savarin de Saint-Denis; j'allais devenir grand-prieur dans les Antilles ; j'avais de riches armoiries, autant d'oripaux qu'un acteur de province; j'avais obtenu, à prix d'argent, non-seulement mes différens grades et décorations, mais encore un beau diplôme sur parchemin, frappé du timbre, revêtu du saint sceau de l'ordre, enrichi de la signature du très-révérentissime, très-illustrisime, très...très...très...très-vénérentissime son excellence monseigneur le grand-maître, et d'une foule de princes, comtes, dignitaires, militaires et ecclésiastiques; enfin j'avais conquis le plus inappréciable de tous les priviléges, celui de mettre une croix devant mon nom d'emprunt, quand je m'aperçus, qu'à l'exception d'un petit nombre de mes confrères, le saint ordre du Temple n'était plus, en 1835, qu'un conciliabule d'hommes non moins niais que moi, se gratifiant niaisement et se glorifiant de même de titres longs comme le bras, se partageant niaisement un monde imaginaire, divisé par eux en préceptories, baillages, commanderies, et se distribuant tout aussi niaisement des bénéfices et des revenus imaginaires. Aussi, honteux et confus, jurant, mais un peu tard, qu'on ne m'y prendrait plus, je rentrai bien vite dans mon heureuse obscurité.

Ainsi s'accomplit pour moi cette grande parabole si admirablement paraphrasée par Bourdaloue :

> .....celsœ graviore casu
> décidant turres......

Heureux l'homme qui rachète à si bon compte un *grain d'ambition* !

et entouré de jaloux, vous dûtes, en effet, éprouver bien des difficultés à pénétrer tout le monde du besoin d'amélioration. Notre pauvre profession, la coiffure, si on veut la considérer sous le rapport artistique; mais il ne serait pas assez que cent coiffeurs s'associassent pour son élévation ; il y a tant à faire, et tant de bien à en tirer, qu'au lieu de vous contrebarrer dans la noble tâche que vous vous êtes imposée, tous devraient s'unir à nous, afin d'obtenir plus tôt le sublime résultat que nous avons droit d'attendre de cette publication spéciale, et qui est d'attirer sur toute la corporation, en même temps que des avantages pécuniers, l'estime et la considération publiques. Je vous engage donc à continuer votre *Cent-Un*, cet ouvrage qu'on apprécie et qu'on aime vraiment dans notre Belgique, je ne doute pas que les coiffeurs français, comprennent vos généreux efforts, ne viennent adoucir, par un concours utile, vos fatigues de l'an dernier.

Recevez, mon estimable collègue, avec mes souhaits de bonne année, mes remercîmens pour les quatre pages de littérature dont vous ornez toutes les livraisons, moyen de répandre encore davantage l'instruction parmi nos confrères, et l'assurance de la parfaite considération avec laquelle j'ai l'honneur d'être, votre tout dévoué serviteur,

Henry BULL.

DES

CHEVEUX SUIVANT LES CLIMATS.

Il arrive si souvent que des élèves coiffeurs, habitant Paris, font des préparatifs pour aller s'établir dans des pays lointains, et qu'ils font des achats considérables en fleurs et en cheveux, que je crois utile de donner un aperçu de la variation des couleurs de cheveux, selon la température, afin qu'ils sachent à l'avance quelles sont les nuances qui peuvent convenir aux consommateurs habitant les différens climats.

On ne peut révoquer en doute que le climat n'exerce la plus grande influence, tant sur le développement que sur la couleur et la nature des cheveux, ainsi qu'on peut le voir dans le coup-d'œil historique que M. Normandin a tracé sur les différentes espèces et races d'hommes. * Il est un fait bien reconnu, c'est que, dans les climats chauds, les cheveux sont beaucoup plus noirs que dans les pays froids. Ainsi, en Europe, chez les peuples du Nord, la couleur blonde est la dominante; tandis que chez ceux du Midi, c'est la noire. Pour en avoir une preuve, on n'a qu'à comparer un Allemand, un Prussien, un Suédois ou un Russe avec un Espagnol, un Portugais ou un Italien. Dans une même contrée, cette variation est sensible; ainsi, dans le nord de la France on trouve beaucoup plus de blonds que dans le midi, et dans l'extrême frontière qui avoisine l'Espagne, comme les Pyrénées, les blonds sont assez rares. Ceux qui ont parcouru les pays de montagnes, surtout ceux où les neiges y sont pour ainsi dire éternelles, ont reconnu qu'il y avait aussi beaucoup plus de blonds que dans les plaines. Enfin, une nouvelle preuve de l'influence de la température sur la coloration des cheveux, c'est que, dans les pays tempérés, les cheveux ont généralement des teintes intermédiaires, dont la principale est le châtain.

* *Manuel du Coiffeur et du Perruquier*, page 56.

DES

DIVERSES DÉNOMINATIONS

DES POILS.

Nous avons déjà dit qu'on donnait le nom de cheveux aux poils qui recouvraient le crâne, et que l'on réservait celui de poils à ceux qui viennent sur les autres parties du corps. Il est bon de faire observer aussi que l'on désigne par les noms de :

Cils, ceux qui garnissent les bords libres des paupières.

Sourcils, ceux qui sont groupés sur l'arcade orbitaire.

Favoris, ceux qui descendent au-devant de l'oreille sur les branches de la mâchoire inférieure.

Barbe, ceux du menton.

Moustaches, ceux de la lèvre supérieure.

Ainsi, ce qui n'est en premier lieu que du *duvet,* se nomme cheveux, cils, sourcils, favoris, barbe ou moustaches, selon la place du corps humain que cela couvre.

Chez les deux sexes, on rencontre des touffes plus ou moins fortes de poils aux aisselles, sur le pubis, et chez l'homme plus particulièrement, sur la poitrine et sur les parties externes des membres. Les poils sont rares sur quelques points de la face, au dos, et à la partie interne des membres ; la paume des mains et la plante des pieds en sont toujours dépourvues. La longueur des poils est depuis un demi-pouce jusqu'à environ deux pouces et demi. Il est des parties du corps, chez la femme, qui en sont le plus souvent dépourvues : ce sont le menton, la poitrine et les extrémités ; celles qui en ont sur ces parties ont un aspect viril, encore même ces poils ne sont chez elles ni aussi longs, ni aussi touffus que chez l'homme. Il est bien un petit nombre d'exceptions à cette règle ; aussi celles qui s'en écartent sont considérées comme un objet de curiosité, témoin la fille *Lefort,* que l'on montrait il y a plusieurs années pour de l'argent au public. Nous avons eu occasion d'assister à une visite qui en fut faite par des médecins distingués, lesquels demeurèrent convaincus, malgré sa barbe et les touffes de poil qui ombragent sa belle gorge, que c'est une femme.

Les poils ne se montrent guère qu'à l'époque de la puberté, et ceux de la poitrine et des extrémités, dans un âge un peu plus avancé ; ils sont plus gros que les cheveux, ils ont presque toujours la couleur de ceux du même sujet ; et comme leur structure et leur forme sont semblables, nous renvoyons, sur ce point, à ce que nous avons dit des cheveux.

Nous observerons seulement que les poils du menton, étant coupés beaucoup plus souvent que ceux de la tête, sont plus durs, et qu'ils exigent, quand on veut les colorer, une teinture plus forte et plus chargée de matière colorante qu'il ne le faut pour les cheveux.

---

* Une grande quantité de poils aux parties externes est un signe de force ; mais il est reconnu par les médecins qu'une forte chevelure affaiblit le tempérament d'une femme, aussi ordonne-t-on souvent aux jeunes personnes faibles de santé, et chez qui la nature a prodigué cet ornement, d'éclaircir ou de se couper entièrement les cheveux.

Coiffures de tous les Pays.

Sommaire.

On s'abonne à la Direction, Rue Croix-des-petits-Champs, 2
vis-à-vis celle du Coq.

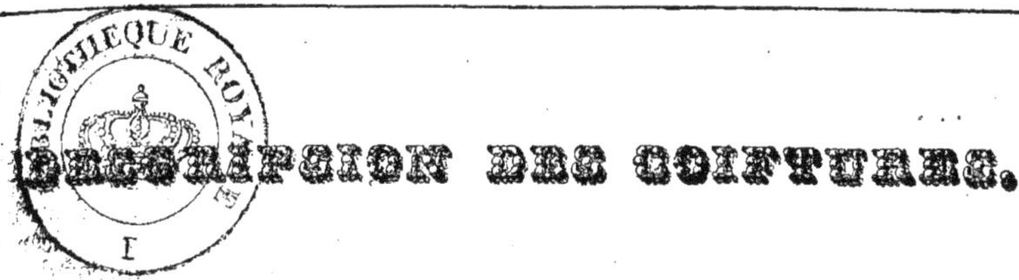

DESCRIPTION DES COIFFURES.

N° 1. Coiffure de M. BUSSE.

Les cheveux sont relevés à la chinoise et noués à la hauteur de l'œil. Divisés en trois parties, ils servent à former les trois coques doubles, ainsi que celle de fermeture et une petite lame qui entoure le pied du choux ; une torsade artificielle, rapportée près du lien, orne le derrière de tête ; deux crochets, qui tiennent dans le cordon, soulèvent cette masse ronde, sous laquelle vient se perdre le bout de la guirlande de fleurs.

N° 2. — Coiffure de M. CROISAT.

Pour exécuter cette coiffure, il faut d'abord bien tirer sa ligne de séparation, nouer les cheveux assez haut par derrière, faire passer les bandeaux sous les oreilles, ayant soin de soulever le pendant avec un doigt, à l'instant où, d'un coup de peigne, on fait passer les cheveux à cet endroit. La personne pose une main pour empêcher que le bandeau ne se dérange ; et, alors, on tord l'excédant des bandeaux, ayant soin de ramasser en même temps les petites mèches de la fossette, qui déparent les coiffures, et qui, en cette circonstance, servent à faire mieux appliquer les bandeaux. Les mèches follettes étant bien retroussées, on entoure les bouts sur le cordon ; cela fait, avec la moitié de la chevelure, on forme une tresse *circassienne* ; puis, on pose un peigne à une branche, que l'on couvre de la circassienne, et on a soin de replier la tresse sur elle-même, en arrivant à la pique du milieu, pour former l'anneau qui domine le devant. Une épingle courte, peut, au besoin, réunir, avec plus de solidité, les deux corps de tresses, qui se croisent à cet endroit.

La masse de derrière, formée avec ce qui reste de cheveux, ou bien avec une fausse mèche, est une corde à puits qui prend de gauche à droite, et qui garnit parfaitement le derrière du choux.

Les fleurs, posées sur des petits peignes par devant, sont, par derrière, ajustées sur une épingle double qui est piquée dans le cordon.

Cette manière de laisser flotter des branchages légers, a quelque chose qui ne manque pas d'une certaine grâce ; aussi, la mode, depuis quelque temps, protège-t-elle ce genre-là.

N° 3. — Coiffure à l'Italienne, par M. VIDIE.

En abandonnant le chiffon aux marchandes de modes, les coiffeurs ont perdu le plus beau diamant de leur couronne, disait dernièrement le professeur *Guillaume*. En effet, ce genre de travail, par la difficulté qu'il offre, et la considération dont il jouit chez les dames, pourrait procurer encore de grands avantages au corps d'état. Ajoutons à cela que les étoffes qu'on emploie sont extrêmement légères, qu'on aime les effilés, les barbes, et toutes choses qui flottent sur les côtés de la tête, s'harmonisent avec la coiffure basse, et offrent de grandes variations.

Exécution : on noue les cheveux à-peu-près sur l'épi, et l'on sépare la masse en cinq parties égales, qu'on peigne et qu'on unit à la brosse oléoine. Les mèches, étant ainsi préparées, on prend celle d'en bas, on l'unit et on l'applatit sur la main gauche par deux bons coups de ladite brosse, laquelle, au lieu d'oléin, doit contenir de la gelée ou bandeauline, afin que les cheveux qui ne sont pas crêpés reçoivent l'apprêt que donne l'infusion de coin. La coque ayant été ainsi brossée et lustrée, on la plie en-dessous pour l'assujétir à laide d'une épingle simple de quinze lignes de longueur. Cela fait, on prend la mèche d'en haut, et l'on fait, en sens inverse, la même opération. Les deux masses apposées, étant terminées, on procède à l'élévation des trois autres, en commençant par la supérieure de gauche, laquelle se lisse et s'apprête ainsi que les autres, mais se dirige d'abord à gauche, puis par une cassure faite sur la main, s'en va à droite en passant devant la masse élevée perpendiculairement. Nous recommandons de donner de la consistance à cette mèche, parce que, n'étant pas crêpée, ni très-fournie, elle s'ouvrirait et déparerait le chou. La masse, placée sous celle-ci, se fait en rabattant ; et, celle de droite, après l'avoir élevée sur tige, est rabattue aussi. Les pointes des cheveux réunies servent à former la coque de fermeture qui se présente obliquement.

Le chou étant ainsi façonné, on prend l'écharpe aux trois quarts de sa longueur, on forme un bouillon, et, laissant flotter le petit coin à droite, on fait passer le grand dans le chignon pour aller en établir un second à gauche, et lancer un second bout d'écharpe qui contrebalance le premier, tout en accompagnant la figure.

<hr>

De la Coiffure

SELON LA COUPE DE TÊTE.

4e LEÇON DE L'ART DE COIFFER.

DERNIÈRE PARTIE.

La première livraison donna un aperçu des diverses conformations de tête et de leurs divisions. Dans la onzième, il y a une leçon sur le relevage des cheveux selon la coupe de tête, et la quatorzième contient un aperçu des cas où il faut chercher à allonger ou raccourcir le visage. Quelques lecteurs, impatiens de savoir comment je m'y prends pour changer, en apparence, la coupe de figure d'une personne, auront trouvé, peut-être, ma marche trop lente, trop méthodique ; mais qu'on se désabuse, et qu'on sache que dans les arts, il faut absolument suivre cette marche régulière qui fait éviter la confusion ; qu'on se pénètre bien, surtout, du danger qu'il y aurait pour l'avenir d'un ouvrage aussi nouveau

A M. LAMENNAIS.

I.

J'ai gravi quelquefois le haut d'une montagne,
Et quand ainsi j'avais sous mes pieds la campagne,
Sur ma tête le ciel, je tressaillais d'effroi ;
Car toutes ces grandeurs se confondaient en moi.
Au bord de l'Océan j'ai vu de grandes choses,
Et comme j'ignorais et le but et les causes,
Toujours je fus ému de cette majesté
Qui venait devant moi rouler l'immensité !
Mais j'ai vu l'homme aussi, non point cet automate
Qui grimace aussitôt qu'un mot léger le flatte,
Mais l'homme au front puissant, aux regards pleins
[de feu,
Qui plane sur la terre, et monte jusqu'à Dieu !
Lamennais, ils t'ont pris pour l'Archange rebelle
A la tête orgueilleuse, à la fauve prunelle...
C'est que sous leur cuirasse ils ont senti ton fer
S'enfoncer dans leur cœur comme un glaive d'enfer.
Lamennais ! à leurs yeux tu n'es qu'un fou sublime ;
Car tu hais le bourreau, car tu plains la victime :
Tu pouvais t'enivrer du nectar de leur ciel,
Tu viens boire avec nous des larmes et du fiel...

II.

La terre est agitée
Sous le souffle des nations ;
La colère est montée
Au front des générations.
Déjà, déjà le glaive
Au loin jette son bruit fatal ;
Au peuple qui se lève,
Le canon donne le signal.
Et cette voix qui crie,
C'est la voix de l'Humanité :
« Dieu ! *donne* la patrie,
» L'homme *conquiert* la Liberté ! »

. . . .
Quels tintemens funestes ?
Priez ! — C'est la plainte des morts,—
Dans les sphères célestes
La Gloire parfuma leurs corps.

Des chants, des chants encore !
Et puis des chants, des chants toujours !

Car le ciel se colore...
« Amis !... le soleil des *trois jours* !... »

III.

Et, quelques jours après, Paris faisait silence,
Et d'un homme écoutait la sublime éloquence :
« Peuple ! a-t-il dit, voici toute la question :
» Réponds... Quel est ton Dieu, ta foi, ta nation ? »
Et le Peuple : « Dieu seul, oui, Dieu seul est mon
[père,
» La Nature, ma sœur, et tout homme, mon frère ! »
— Bien ! « Et quels sont tes *Droits* ? » — « Un seul,
[la *Liberté* ! »
— « Et quels sont tes *Devoirs* ? » — « *Justice* et
[*Charité*. »

PAUL PROUTEAU.

D'UN

GENTILHOMME IRREPROCHABLE

ET D'UNE

PAIRE DE CHAUSSONS DE LISIÈRE !

Maudite rue ! Maudits chaussons !
MAX. PERRIN (Roman inédit.)

Le marquis de C..... est un élégant qui possède le vrai paletot originaire en *drap de mer* ; il a des bottes vernies depuis midi, heure à laquelle il se lève, jusqu'à...., l'heure à laquelle il se couche ; il est membre du jockei-club et dîne au café de Paris ; il perd au whist avec nonchalance, et soupe avec ennui chez une danseuse.

Il est enfin, le parfait modèle de la fashionabilité du jour.

Notre ami outre la danseuse de rigueur, jette sur son passage dans les salons une foule d'œillades imperceptibles, et entretient un nombre infini d'intrigues savamment ébauchées.

Chaque heure du jour a son nom, sa case, son étiquette. Aussi, ce temps de gelée, qui neutralise, ou à peu près l'usage des tilburys et cabriolets, le met dans un état de désespoir difficile à décrire.

Il faut qu'il marche tout seul ; — il est très-embarrassé ; — à chaque instant son équilibre est compromis ainsi que son paletot *drap de mer*.

Il y a surtout une rue qui lui est néfaste et malveillante, — la rue Saint-Honoré ; et par malheur il faut qu'il y passe tous les jours. — Quelque soient les détours ou les circuits qu'il prenne, il rencontre toujours des pavés récalcitrans contre lesquels il livre un combat tout à son désavantage, à tel point, qu'au bout de quelques jours, il fut marqué à l'index par les habitans du quartier ; et un matin, qu'il s'adonnait à une de ces luttes inégales, un bonnetier crût de son devoir d'homme et de citoyen de lui proposer une paire de chaussons de lisière au plus juste prix.

Notre ami refusa avec un noble dédain cette offre humiliante pour sa dignité personnelle, et continua sa route. — Un jour enfin, *Deo gratiâ !* — il parvint à arriver sans encombre jusqu'au but de sa visite. Il allait frapper à la porte, — le pied lui manque, le trottoir aussi, et il tombe tout de son long dans le ruisseau, qui, heureusement pour lui, était gelé : — confus de sa mésaventure, il se relevait, les oreilles basses, cherchant à se dérober aux passans qui s'appitoyaient sur sa chûte, lorsqu'un ami lui tend officieusement la main en riant fort ironiquement, et lui dit : Bonjour donc, très-cher, comment vous portez-vous ?

— Je me porte fort mal, comme vous voyez, puisque je tombe, répondit celui-ci, et il disparut sous la porte cochère.

Le surlendemain, il résolut de mettre une demi-heure de plus à faire ce trajet d'un quart-d'heure, et de ne poser ses pieds sur chaque pavé qu'après une mûre réflexion. Il était en train de se livrer avec une minutieuse exactitude à ce travail assez compliqué, lorsqu'une voiture aux resplendissantes armoiries, débouche de la rue des Pyramides, et comme il levait la tête, il aperçoit un joli visage de jeune femme, moitié caché sous l'hermine, qui lui sourit et lui fait signe de venir.

Aussitôt, il se précipite sur la pointe du pied ; mais hélas !... de même que le pied, la pointe lui manque à moitié chemin, et au moment où il étend fort galamment les deux bras vers la portière de la voiture, il disparaît totalement. — Le domestique le relève, mais il était tombé sur la figure, et il avait le visage tout en sang : confusion et désolation ! — Il fait signe à la jeune femme que ce n'est presque rien, et il entre dans la boutique d'un épicier.

Cette fois, il rentra chez lui, et se mit à réfléchir profondément sur l'état des choses, en se voyant parfaitement semblable à *Guise le Balafré*, de glorieuse mémoire. Le résultat de ces réflexions fut de mander son cordonnier, et de lui commander immédiatement une paire de chaussons galamment confectionnés.

Il resta trois jours chez lui sans sortir ; le troisième jour, il se hasarda, muni de ses chaussons ; mais à peine avait-il fait vingt-cinq pas, qu'il s'aperçut qu'il naviguait dans un demi-dégel fort désespérant. — Trop pressé pour rentrer, il s'arrête et avise au meilleur moyen. Il entre sous une porte, défait ses chaussons, et au lieu de les jetter au milieu de la rue, comme doit toujours faire un homme de sa classe, il a la négligence impardonnable de les mettre dans ses poches ; puis, sans penser à autre chose, il prend un cabriolet, et arrive rue Saint-Honoré, sans la moindre chûte ; — aussi fut-il parfaitement aimable avec la jeune comtesse de ***

Au milieu d'une dissertation des plus savamment menée sur les différentes impressions du cœur humain, il veut prendre son mouchoir, mouchoir de fashion-

nable, brodé à ses armes, et brodé de Va-
lenciennes ; mais en le tirant de sa poche,
il tire aussi un de ses chaussons qui
roule sur le tapis sans qu'il s'en aperçoive.

La jeune comtesse avait sur les genoux
un petit enfant espiègle de cinq à six ans,
qui se précipite vers le chausson, et le
tend, de ses deux petites mains, à son
propriétaire, en lui disant : — Vous avez
laissé tomber quelque chose, monsieur !

Notre ami, confus, regarde son chausson avec anéantissement, et balbutie quelques mots. — La jeune comtesse étouffe
un violent éclat de rire, ce qui n'était
nullement charitable, car notre pauvre
marquis eut pleuré s'il eut osé.

Le lendemain, quand il se présenta, on
lui dit que la comtesse était sortie !

Loin de le plaindre, nous applaudissons
de grand cœur à sa mésaventure. —Nous
sommes sans pitié pour ceux qui abaissent
leur dignité personnelle jusqu'à se sou-
mettre au chausson de lisière. C'est notre
ami, qu'importe ? il a mérité son sort.

*Que vouliez vous qu'il fît ? — Qu'il tom-
bât ! ! !*

B.....

UN BANC DE PIERRE.

Dans mon ame rien ne t'efface
O dernier songe de l'amour !
LES MÉDITATIONS.

Je m'en souviens : elle était là.....
Là ! sur ce banc de pierre assise ,
Lorsque son ardeur indécise
A mon amour se révéla.

Nous étions aux longues soirées;
Et soulevés à tout moment
Ses yeux retombaient vaguement
Sur un livre à tranches dorées.

Bien des fois elle aura relu
Même page sans la comprendre !
Un sujet plus riant, plus tendre
Dans son âme avait prévalu.

Et moi ! — J'étais heureux — l'ivresse
Battait, ondulait dans mon sein
A coups pressés, comme un tocsin
Qui jette le cris de détresse.

Cette ivresse... oh ! si j'avais su
De quels tourmens elle est suivie ,
Cent fois j'aurais donné ma vie
Tant est cruel l'espoir déçu.

Mais alors pour moi l'existence
Semblait un bien si précieux :
Je croyais lire dans ses yeux
Une éternité de constance.

Aujourd'hui même il se répand
En moi quelques heures de joie ,
Quand le souvenir me déploie
Les scènes touchantes du banc.

Là, dès qu'à l'horizon plus sombre
Montaient les ténèbres du soir ,
Vite elle revenait s'asseoir;
Nos regards se croisaient dans l'ombre.

Là, son cœur se montrait à nu ,
Le mien lui peignait son ivresse...
Pourtant, pas un mot de tendresse
A mon oreille est parvenu.

Oui, mais sa main, doux interprète
De ses pensées et de sa foi ,
Avant de s'étendre vers moi
Effleurait sa bouche muette.

Qu'avais-je besoin d'un aveu ?
Sur une rose gracieuse
Tous les soirs sa bouche rieuse
Déposait le baiser d'adieu.

Que de biens le temps nous dérobe !
De mon cœur l'espoir est exclus...
Banc désert tu ne seras plus
Frôlé par les plis de sa robe.

Déjà tu me parais moins beau
Et je détourne ma paupière
Loin de toi, comme de la pierre
Qui couvre un lugubre tombeau.

Lorsque rêveur et solitaire
Je viens à passer près de toi,

Soudain je sens renaître en moi
Une tristesse involontaire.

Sous toi demeure enseveli
Son amour qui me touche encore :
Hélas ! c'est en vain que j'implore
Les bienfaits tardifs de l'oubli.

A mes pensées tout la retrace,
Tout conspire pour m'émouvoir,
Il me semble toujours la voir
Sur toi se poser avec grâce.

En toi j'aimerai le témoin
Du rêve touchant que je pleure ;
Chaque soir, rappelle-moi l'heure
Où nos yeux se parlaient de loin.

Dis-moi, quand vers toi je me penche,
Dis-moi, quand sur toi je m'assieds,
Où se croisaient ses jolis pieds
Où s'appuyait sa main si blanche.

Seul désormais le souvenir
Pour mon âme aura quelques charmes ;
Retiens l'empreinte de mes larmes,
Un jour elle peut revenir...

Octobre, 1834.

E. VILLEMIN NOAILLES.

A ALFRED JOHANNOT.

Encore un nom rayé du livre des vivans !
Encore un noble arbuste emporté par les vents
    Avant l'heure où la neige tombe !
Encore un beau génie à son aube envolé !
Encor la France en deuil, le front triste et voilé

D'un dôme de lauriers ombrageant une tombe !...
O France ! comme l'herbe et les feuilles des bois,
Ils se fanent, ces noms, ton orgueil autrefois !
    Bientôt, dans ton ciel solitaire,
Ils ne brilleront plus, ces astres éclatans,
Mystérieux flambeaux que dans la nuit des temps
Allume le Seigneur pour éclairer la terre !...
Bientôt, comme un doux rêve au matin effacé,
L'un après l'autre, hélas ! ils auront tous passé !
    Dans leur immortelle patrie,
Bientôt, comme celui que pleurent nos regrets,
Ils se reposeront à l'ombre des cyprès,
    Des noirs orages de la vie !
Pauvre Alfred ! lys qui va refleurir dans les cieux,
Toi que Dieu bénissait comme un enfant pieux
    Que la mort a pris sur son aile ;
Toi, dont l'âme, au milieu d'un siècle corrupteur
Avait su conserver ce parfum de candeur
    Que la vertu laisse après elle.
Pauvre Alfred, quoi ! si jeune, avec tant d'avenir,
T'évanouir ainsi comme un vain souvenir,
    Comme un chant d'oiseau dans la plaine,
Mourir, lorsque la gloire, ange aux chastes amours,
De ses baisers divins allait dorer tes jours,
Et réchauffer ton cœur dans son manteau de reine :
Pauvre Alfred ! On m'a dit qu'à cet instant sacré
Où notre âme entrevoit le séjour éthéré,
Tu t'écriais : « Ma sœur, ma peinture si belle !
» Ma vierge bien-aimée, ô toi mon seul bonheur !
» Faut-il donc te quitter ! Encor un jour, Seigneur ! »
Mais le Seigneur dormait dans sa cour éternelle :
Il ne l'entendit pas... Noble génie, adieu !
Comme un céleste encens, vers le trôn de Dieu,
    Monte ! ta place est toute prête ;
L'ombre de Sigalon s'incline devant toi,
Et Robert te disant : « Mon frère ; viens à moi ! »
D'une immortelle fleur va couronner ta tête.

ELISE MOREAU.

Imprimerie de A. RELIN,
55, RUE SAINTE-ANNE.

et aussi important pour notre état, à traiter aujourd'hui des sujets qui, plus tard, se trouvant mal classés, jetteraient de l'obscurité dans ce traité de coiffure.

Connaissant à fond le terrier sur lequel il bâtit son édifice, le coiffeur travaille avec facilité, et il est rare qu'il se trouve obligé de recommencer sa coiffure, parce qu'il a mal commencé ses fondations. La tête a telle conformation, il relève les cheveux de telle manière qui lui est favorable.

Le visage est rond, ovale ou long ; il dispose ses masses de telle sorte que la figure a de l'élégance ; bref, il embellit toutes les femmes qu'il coiffe, et il ne se contente pas de simplement les parer au goût du jour.

Comment doit-on former ses coiffures pour que toutes les têtes soient parées avec avantage ? Avant d'entrer en matière, je jetterai un coup-d'œil sur les ouvrages de quelques-uns de mes collaborateurs.

Page 3, je vois que M. Couthon, de Paris, offre aux jeunes personnes, au visage et au col long, une coiffure de mariée, où les frisures à l'anglaise sont accompagnées par un voile posé à l'*Iphigénie*. Même page, Lemoine, de Caen, donne une coiffure dont les bandeaux couvrent en partie le front, et qu'il recommande aux femmes ayant les cheveux plantés très-haut sur le devant. Page 16, M. Puget fait paraître une coiffure à la chinoise qu'il exécute sur un visage rond. On voit, page 29, M. Piedfort, de Boulogne, placer la masse la plus élevée, juste sur la ligne du nez, afin d'allonger le visage qui est un peu fort. M. Pinçon, secrétaire de l'Académie des coiffures (même page), corrige une tête trop longue par des tirebouchons flottans, et des bandeaux formant la draperie. Page 26, M. Fréderic-Stanislas applatit la touffe d'un homme à la tête longue, tandis qu'*Henri Bolle, de Liége,* d'un coup de main d'artiste, élève des masses onduleuses pour couronner un visage plein. L'observateur doit remarquer, par ce simple aperçu des principes appliqués par des praticiens qui ne se sont peut-être jamais vus, qu'il est temps d'asseoir la coiffure sur des bases solides, d'introduire dans cet art des règles qui ne le laisse plus dans le domaine du matérialisme où il est resté trop long-temps ; d'ailleurs, la voix des *Cent-un* est la voix de la masse, c'est-à-dire la voix de Dieu.

Pour compléter cette leçon, j'ajouterai aux remarques faites sur les ouvrages de quelques-uns de mes collaborateurs, les préceptes suivans. Pour une tête longue, c'est-à-dire qui n'a pas trois parties dans sa largeur (voyez page 59), lorsque la mode commande un échaffaudage élevé, il faut coiffer *large,* faire des touffes un peu tombantes et carrées par le haut. Si on porte les cheveux plats pardevant, il faut raccourcir le visage en couvrant le front, soit avec les cheveux, soit avec des ornemens. En pareil cas, tout ornement traversant le front est utile. S'il s'agit de faire des tresses pour accompagner la figure, il ne faut pas trop les avancer sur les joues , afin de conserver le plus de largeur possible, ainsi qu'on le voit page 35 , coiffure de M. Dantan. Si le visage est rond, on fera tout l'opposé, c'est-à-dire que le haut devra être étroit et léger, que les touffes ne devront pas être écartées ni carrées vers le haut. Le front ne devra pas non plus être couvert par rien qui le traverse ; et, s'il y a des tresses pour garnir les côtés de la tête, on devra les avancer jusque sur les os des pommettes, afin d'allonger la figure en la rétrécissant.

Les mêmes principes se reproduisent dans la coiffure basse, quant au devant, mais dans le bâti du derrière de la coiffure. Il y a d'autres combinaisons, dont voici l'aperçu : Pour une figure longue, en général, le choux ne doit point se voir par devant, et l'on doit calculer dans le miroir les effets des ornemens placés à la hauteur de la touffe, derrière les frisures, à la hauteur de l'oreille, ou bien longeant le cou selon qu'il est plus ou moins long.

Les têtes rondes, au contraire, veulent que la coiffure soit visible par devant ; qu'elle soit légère, étroite du pied, que rien n'engonse le cou ; qu'au contraire, le dégageant, les ornemens soient posés par dessus les masses de cheveux. On voit, qu'avec la mode des coiffures basses, les figures rondes et les longues se parent bien différemment. La pose d'une couronne diffère aussi, selon la coupe de tête : lorsqu'elle est allongée, elle descend sur le front et remonte par derrière, en passant devant le choux (manière des châtelaines) ; elle prend du haut de la bosse frontale à la nuque, lorsque l'œuf de la tête est rond.

Il est des défauts de construction qu'on peut cacher à l'aide d'une couronne : tels que le signe de l'entêtement, qui se fait remarquer assez souvent chez les femmes. Cet organe est une cavité qu'on aperçoit à un pouce de la naissance des cheveux sur le front (Galle).

Comme une tête dont la fontaine est plate manque d'élégance, je recommande, pour cacher ce défaut, de poser la couronne le plus haut possible. Si la figure est plate, il ne faut pas trop avancer ni les frisures, ni les tresses, ni même la couronne, parce que, vu de face, le tout se trouverait sur le même plan, et l'effet en serait lourd.

Lorsque les joues sont larges par en bas, et que la tête forme la poire, donnez aux touffes peu de volume par le bas et beaucoup par en haut; pour une tête qui penche en arrière, signe d'idiotisme, faites pencher la couronne en avant; pour une qui, au contraire, penche en avant, et prend ainsi de la sombreur, relevez-la : donnez du clair à ces visages maussades et empreintes de dureté.

En somme, et c'est là ce qui fait le mérite du bon coiffeur, il faut, après s'être pénétré des principes émis dans les premières leçons, s'habituer à bien voir dans le miroir la personne qu'on est appelé à coiffer, afin de savoir, au premier coup-d'œil, à quel degré et comment on doit disposer les masses pour faire ressortir tous les avantages d'une tête, ou en corriger les défauts.

LE TISSU CUTANÉ.

On appelle tissu cutané, cette partie de la membrane tégumentaire, qui couvre la surface du corps, nommé vulgairement cuir chevelu: le grand art du posticheur est de bien l'imiter. Le premier qui parvint à s'en approcher fut le nommé Bourcier, de Bordeaux; aussi était-ce chez lui que Talma et les premiers artistes dramatiques faisaient faire leurs perruques chauves, ainsi que les barbes de prêtres. On dit même qu'une seule perruque de cet artiste, où l'on distinguait les veines ainsi que certaines protubérances, aida M. Normandin à gagner son procès contre *Souchard*, l'inventeur de l'implanté au crochet (1).

Nous pensons que ce ne sera pas sans intérêt que nos souscripteurs liront la description abrégée du tissu cutané, de cette peau qui en comprend plusieurs dont les noms suivent, savoir : l'*épiderme*, le *mucus*, le *réseau vasculaire* et le *derme*, assemblage qui a fait l'objet de tant d'études, et que chaque implanteur principalement devrait connaître à fond.

L'*épiderme*, ou *surpeau*, privé de vie, se détache du corps, et tombe sans causer aucune douleur. Ces petites peaux, que M. Vauclin regarde comme un *mucus* durci, sont insolubles dans l'eau.

Le mucus, deuxième peau, est le corps qui contient la matière colorante de la peau, et qu'on imite en mettant sous un taffetas blanc une étoffe rose, est sous l'épiderme. M. Gauthier, qui s'est beaucoup occupé de la peau, dit que le mucus est formé de quatre couches de peaux très minces.

Le réseau *vasculaire* est un feuillet très mince qui est placé sous le mucus. Cette peau est le résultat de l'entrelacement des petits vaisseaux artériels et veineux.

Le *derme*, c'est la partie la plus épaisse et celle qui est le plus près de la chair; il se trouve formé de toutes les petites cellules où prennent naissance les cheveux. Ce tissu est appelé quelquefois tissu cellulaire, parce qu'il contient, ainsi qu'il est dit ci-dessus, toutes les petites cases du cellulé, d'où la chevelure sort par touffes. Ces touffes sont semblables à celles d'épis de blé; ce n'est qu'à la surface de la peau que les cheveux sont séparés les uns des autres.

(1) On assure que, pour rendre l'effet des veines, M. Bourcier donnait de l'apprêt à son implanté, et même à la coiffe de la perruque, qui étaient toujours en nankin ou en poult de soie, couleur saumon, qu'il garnissait ensuite de ficelles une tête de bois, qui marquait veines eu frappant avec un petit marteau.

IMPRIMERIE DE A. BELIN,
55, RUE SAINTE-ANNE.

SOMMAIRE

On souscrit à la Direction, Rue Croix-des-petits-Champs, 2.
vis-a-vis celle du Coq.

1 Turban par Olivier de Moscou.
2 Coiffure par Bejot de Dax.
3 id.   par Turlane id.
4 Coiffure par Elie de Paris.
5 id.   par Gaudereau id.
6 id.   par Croisat id.

DESCRIPTION DES COIFFURES.

N° 1. — Turban, par OLIVIER (de Moscou).

Pour exécuter ce turban, il faut d'abord relever les cheveux de derrière, au milieu de la tête, tordus et un peu serrés; ensuite, former les bandeaux; après cela, envelopper la tête avec le voile (1), afin de former la calotte, laquelle ne doit pas descendre jusque sur le front. L'étoffe est réunie en masse derrière l'oreille gauche, où une épingle la tient fixée. Placé à la gauche de la femme, on prend l'étoffe à deux mains pour la plisser. Ce travail se fait ainsi qu'il suit : lorsqu'on a préparé de quoi former le devant du turban, on tord un peu l'étoffe en rabattant, et l'on pose le bourrelet à la hauteur de la raie des cheveux. Ce bourlet ne doit point être serré et les plis doivent être faits sans simétrie. Les dents de la bordure doivent se montrer çà et là, et un long bout doit s'échapper sur le côté, afin d'accompagner le visage, orné d'une rose et d'une branche de vigne. Il est tel que je le vis, l'été dernier, dans une loge des Italiens, à Paris.

N° 2 — Coiffure de M. BÉJOT (de Dax).

Cette coiffure convient à une femme qui a l'air noble et les traits sévères. Pour l'établir, vous commencez d'abord par bien démêler les cheveux ; tirez la raie un peu haute, afin qu'il y ait assez de cheveux pour faire une grande masse d'anglaises de douze à quatorze pouces de longueur; ensuite, vous attachez les cheveux en face la bosse sourcillière, puis vous les partagez en cinq branches : la première sert à faire la coque dominante et majestueuse; les deuxième et troisième servent à faire deux tresses *circassienne*; la quatrième, à faire une tresse *dentelle*, et la cinquième, à faire la coque qui flotte sur le cou. Cela fait, vous commencez à bien créper la première coque, que vous ceintrez, et une épingle l'arrête au bas de la ligature. S'il vous reste des pointes de cheveux, vous les crêpez, et puis vous en entourez le pied de la coque; ensuite, vous faites vos tresses, que vous laissez tomber, ainsi que celle à dentelle, et vous prenez la cinquième mèche, que vous crêpez et lissez bien par-dessus, et vous venez la fixer au pied de la première; cela fait, vous tournez deux tresses circassiennes autour de la coque, et vous prenez votre tresse dentelle, qui part de l'intérieur des tresses, et vous venez l'arrêter avec une épingle dans la coque-chignon. Si la figure est un peu longue, il faut une Féronnière sur le front. Les épis d'or attachés sur une épingle, sont fixés dans les nattes, et une rose, montée sur une autre épingle, orne le côté droit du chou. Je recommande que les frisures n'aient pas de raideur, car cela appauvrit une toilette, et donne toujours l'air commun.

N° 3. — Coiffure de M. SURLANE (de Dax).

On exécutera cette coiffure, semi-italienne, de la manière suivante : on noue les cheveux par derrière, au milieu de la tête, et on les divise en trois parties, pour former les deux

---

(1) Le voile doit avoir 5/4 carrés.

coques et le chignon qu'on voit flotter sur le cou. Par devant, les cheveux sont noués sur les tempes, et tressés eu natte à coulisse, afin de pouvoir former facilement la roue qui garnit les côtés. La natte à coulisse se fait ainsi qu'il suit : on fait une tresse en cinq ou en sept branches ; on passe au travers des mèches une petite natte ou bien un cordon, au bord, à gauche, et l'on pousse, afin de serrer le travail, près de la ligature, et l'éclaircir sur la partie du front que cette tresse vient orner.

Une rose dont les feuillages se mêlent aux branches de la tresse, est fixée par une épingle sur le lien, et trois épingles milanaises terminent cette coiffure, que nous recommandons à toutes jeunes femmes ayant le cou un peu long, le front pur, et de la vivacité dans les traits.

N° 4. — COIFFURE de M. ELIE.

Je sais que le diadème appelle les bandeaux lisses par devant, les Clotildes, ou bien des touffes de cheveux crêpés ; mais j'avais, pour exécuter ma coiffure, une tête où les cheveux étaient si bien plantés, que j'ai cru du devoir d'un des *cent-un* d'offrir aux femmes dont les sept pointes se dessinent parfaitement, un mélange de chinois et de grec. Ma coiffure, où l'on distingue un chignon natté et où deux petites coques sont dominées par deux rouleaux de soie couverts par des cheveux, est ornée de trois bouquets de pierreries à tiges flexibles, dont les fourches entrent toutes dans le cordon. Trois petites plumes d'autruche et un bandeau en or terminent cette parure, qui, comme je l'ai dit, se passe de boucles, de tresses et de bandeaux, lorsque la personne a les cheveux bien plantés.

N° 5. — COIFFURE de M. GAUDEREAU.

Par derrière, c'est une chou de coques entrelacées, au travers duquel on aperçoit des jours. Le nombre des masses peut varier. Par devant, les cheveux sont noués à la hauteur de l'œil, et divisés en trois parties pour chaque côté. Les mèches sont crêpées et lissées à coups de brosse, sur le plat de la main gauche ; puis elles forment des coques étagées, en commençant par en bas. Les pointes des trois mèches forment, ensemble, une petite natte circassienne, qui couronne le dessus des coques.

Pour ornement, c'est une rose bien garnie, et deux rangs de perles, posées un peu de côté.

N° 6. — Par CROIZAT.

Cette coiffure n'est pas difficile ; mais il faut avoir, pour l'exécuter, une provision de rouleaux souples et couverts en soie, puis de la bandoline, pour donner du lustre aux cheveux, seul moyen de faire adopter ce coiffage, surtout pour le devant. Exécution : Les deux cercles qui se présentent face en arrière, sont faits avec un rouleaux de onze pouces. Le rond qui fait face au profil, est un rouleau *diaphane* dans lequel passe celui en soie. Le rouleau diaphane est immobile, car deux épingles le fixent sur le cordon. Par devant, les cheveux sont noués, et un rouleau *entièrement artificiel* est posé autour de la ligature, où de bonnes épingles anglaises le tiennent fixé. Pour lustrer les cheveux avec promptitude et facilité, je me sers d'une brosse oléoïne à deux soupapes : cette brosse, au lieu d'un corps gras, contient une infusion de pépins de coins avec une faible partie d'essence de savon.

SIX CANONS POUR SIX BOUTEILLES !

Daignez sourire aux récits d'un vieillard.
BÉRANGER.

Par une de ces tièdes journées d'automne, un de ces beaux jours dont le citadin jouit si peu, qui passent si vite pour nous autres campagnards, je chevauchais sur mon destrier, l'animal le plus pacifique de tout le canton, songeant au pauvre diable auquel je venais de porter des secours et des consolations, lorsque j'entendis, derrière moi, une voix qui chantait tant bien que mal, mais plus mal que bien, ce joyeux refrain de notre grand poète national :

> L'amitié que l'on regrette
>
> N'a point quitté nos climats ;
>
> Elle trinque à la guinguette,
>
> Assise entre deux soldats.

Mon cheval, doué d'un admirable instinct, reconnut cette voix comme moi-même, car il s'arrêta. En effet, nous connaissons bien tous deux le *père Lucien !*

Jadis volontaire de la république, aujourd'hui paisible garde-champêtre, le père Lucien est un des vieux débris de l'ancienne armée, un des braves vétérans qui passèrent sans sourciller des sables de l'Egypte aux neiges de la Russie.

On lit sur sa vénérable figure une expression de calme, de franchise et d'enjoûment qui commande la confiance. Son œil, qui pétille encore et brave les glaces de l'âge, conserve un air de bravoure et de résolution ; un pacifique bonnet de laine abrite contre les vents du nord quelques rares cheveux blanchis dans les batailles ; sur une des manches de sa blouse, brille d'un modeste éclat, la médaille en cuivre qui atteste aux yeux des délinquans son caractère d'autorité rurale. Enfin, qu'on se figure un de ces hommes héroïques, un de ces paysans de la république, qui :

»Pieds nus, sans pain, sourds aux lâches alarmes,
»Tous à la gloire allaient du même pas. »

et on aura un portrait assez fidèle de mon vieil ami le garde-champêtre.

— Bon temps pour les malades et pour la vigne, dit le père Lucien, en flattant le col de mon cheval. — Excellente bête !
— Savez-vous bien, docteur, qu'il me reconnaît aussi bien que vous. — Mais comment va c'te santé,
— Bien, très-bien, père Lucien et vous ?
— Hum ! toujours fraîchement ; cette diablesse de douleur de la Bérésina me chagrine, et puis, vous savez, c'coup d'lance, ça s'fait sentir de temps à autre peu s'agréablement, comme dit M. l'maire.
— Cela vaut des parchemins, père Lucien.
— Merci, des parchemins ! fit le vieux garde champêtre, en retirant son bonnet et en me saluant ironiquement.
— Et puis, repris-je, en souriant, n'êtes vous pas bien récompensé de vos blessures, par vos bons souvenirs de guerre et de victoire ?
— Ah ! pour ça, oui... Après tout,

j'nai pas trop à me plaindre, j'suis gueux, c'est vrai, mais

> Les gueux, les gueux,
> Sont des gens heureux ;
> Ils s'aiment entre eux ,
> Vivent les gueux !

si l'autre vivait !...... bah !...... Gredins d'Anglais, va !... Tout en maugréant , le garde-champêtre frappait les cailloux de la route avec son bâton de cornouillé. Mon cheval aime beaucoup le père Lucien, mais il redoute son bâton; il se mit donc à allonger le pas ; le vieillard en fit autant.

— Sans vous commander, pourriez-vous ralentir un peu? mes jambes n'ont plus quinze ans, et... diable, Coco n'a pas le pied plus sûr que moi...

En effet, mon cheval venait de chopper sur un débris de bouteille. Le père Lucien appliqua un petit coup de son bâton sur la croupe de mon destrier, puis il tira sa pipe, la chargea et battit le briquet en me regardant en dessous ; c'était toujours ainsi qu'il préludait, quand il voulait conter *une grande histoire.*

Coco reprit le pas.

— Voilà un tesson, dit le père Lucien, en m'envoyant une forte bouffée de tabac, qui me rappelle de joyeux souvenirs.

— Vraiment !

— C'était le bon temps... j'avais bon pied, bon œil... Il y a long-temps... J'en ris encore quand j'y pense...

— Quelque conte de bivouac.

— Bien mieux qu'ça ! c'est une belle et bonne histoire ! J'estime que nous avons un bon quart de lieue d'ici Noailles ; voulez-vous que je vous la raconte?

— J'allais vous le demander.

— C'était en 94. — Bon ! v'là ma pipe qui s'éteint. — Dans le temps où le mois de décembre s'appelait nivose, et les jours de la semaine primidi, duodi, etc. C'était donc dans la première décade de nivose, et sous le commandement des citoyens Pichegru, Vandamme et Macdonald : la constituante avait décrété que nous eussions à conquérir la grande fabrique de fromages, la Hollande. J'y étais, même qu'il faisait un froid, un

froid ! tenez , Monsieur, un froid comm cet hiver où le Kremlim...

A ce souvenir, une larme furtive roul dans les yeux du bon vieillard; — mo cœur se serra. — Après un moment, ajouta :

— Il y a, M. Eugène, de ces choses. que, quand on en parle... Enfin, suffit —Je reviens à mes moutons comme di M. le maire; des citoyens du Brabant n nous avaient-ils pas dit : Venez-y, venez y, au Zuiderzée , on vous fera boire u fameux bouillon. Ah ! ben oui, du bouil fon ! ça n'était pas commode , par le dix-sept degrés qu'il faisait; ils auraien eu beau lâcher les écluses, les canaux e les rivières avaient un couvercle qu'il n'é tait pas facile d'enlever. Il fallait voi comme les canons, les caissons, les four gons et les bataillons à pied comme cheval couraient, galopaient sur les eau gelées de la Meuse et du Vahal, ni plus n moins que sur le plancher des vache C'était drôle, allez! mais, mordieu! i fallait souffler dans ses ongles.

Ici, le garde-champêtre s'arrêta , tir son couteau, coupa une branche d'épine, la tailla , débourra sa pipe , en secou les cendres sur son ongle, et se mit siffler son chant favori :

> Les gueux, les gueux,
> Sont des gens heureux ;

Les vieillards aiment qu'on les écoute; le père Lucien m'avait surpris regardant attentivement les vieilles tourelles du château des ducs de Mouchy, cette aire si pittoresquement bâtie sur la colline, et le naïf conteur me voulait punir de mon indifférence.

— Père Lucien, lui dis-je, en lui tendant la main, je crois entendre le grondement de Médor, un peu de courage, je meurs d'envie de connaître votre histoire.

Le bon vieillard me regarda en clignottant, évidemment il n'était pas ma dupe, mais il continua avec bienveillance :

— Pour lors : aussitôt que nous fûmes de l'autre côté du Vahal, on fit une crâne distribution de vin, pour réchauffer les soldats de la République, qui ; vous pouvez m'en croire, avaient tous l'hiver dans le ventre. Si bien que nous étions une vingtaine et moi autour d'un bon feu, mangeant comme quatre et buvant de même. Il nous restait encore six bouteilles que nous avions réservées pour la bonne bouche, comptant bien les sabler à la moustache des buveurs de bierre et des mangeurs de rosbif, car il y en avait aussi. Hélas ! mon cher monsieur, l'homme propose et Dieu dispose ; voilà-t-il pas que nous entendons derrière nous un coup : poum ! ! puis, *zing ! zing !* Enfin comme du verre qui *clainquaille* en se cassant ; c'était un boulet, Monsieur !

— Combien d'hommes tués ?

— Pas un, nous n'ûmes pas même une égratignure ; mais nos pauvres bouteilles ! Éventrées toutes les six ! La rage nous fit grincer les dents, chacun de nous vit avec désespoir la neige se rougir et s'abreuver d'un vin généreux, qui nous eût fait tant de bien. Dans la première explosion de notre colère, il n'y eut qu'un cri.

En avant, marche ! ! !

Il faut vous dire que c'était une batterie de six pièces de campagne, dont les desservans étaient tous occupés à mitrailler une colone, commandée par le général Vandamme, qui défilait à six ou huit cents pas de nos infortunées bouteilles. Un boulet, qui ne leur était pas destiné, avait ricoché sur elles.

Des broussailles, couvertes de neige, nous protégeaient, et comme nos ennemis ne faisaient attention qu'à la malencontreuse colonne. Nous tournâmes la position, en marchant de manière à n'en être pas aperçus. Cette manœuvre réussit au-delà de nos espérance ; nous prîmes en queue les pointeurs ; et nous vengeâmes si bien nos bouteilles, nous jouâmes si bien du briquet et de la baïonnette, que nous restâmes maîtres de six bonnes pièces, qui valaient bien, ma foi, nos six bouteilles, qu'en dites-vous ?

— Béni soit l'heureux tesson qui me vaut une aussi intéressante histoire !

— Ce n'est pas tout : voilà le général Vandamme qui arrive à nous tout ébaubi, et qui nous dit :

— Eh ! mes vieilles moustaches, qui donc vous a donné l'ordre de vous emparer de cette batterie ?

A ces mots, chacun de nous fit une assez sotte figure ; car on ne badinait pas dans ce temps-là avec la discipline.

Notre sergent répondit d'un air penaud :

— Citoyen... général... c'est un boulet que, un boulet qui... que...

— Un boulet que, un boulet qui ; qui quoi, qu'est-ce ? achève donc, nigaud !

— Dam ! citoyen général, pourquo aussi qu'ils nous ont cassé nos bouteilles?

Le général ne pût s'empêcher de sourire.

En le voyant un peu déridé, le sergent, qui était un vieux lapin, un troupier fini, reprit son sang-froid et lui conta l'affaire tout du long. Vandamme, très-content d'être maître d'une position qui inquiétait la marche de sa colonne, nous pardonna notre équippée et nous donna cet avis moitié plaisant, moitié sévère : — Passe pour cette fois, je conçois que six bouteilles pleines mises hors de combat criaient vengeance, mais, cependant, ne vous y frottez plus, autrement !

— Vous eûtes la croix ?

— On ne la donnait pas alors, néanmoins nous fûmes bien récompensés; notre escapade fut enregistrée tout au long dans un ordre du jour furieusement soigné ; et puis, ajouta-t-il, en rechargeant sa pipe et en appuyant sur chaque syllabe, « le père Lucien a été couché tout d'son long dans les journaux ; quéque jour j'vous montrerai ça ! »

Eug. VILLEMIN.

RÉMINISCENCE.

—

— Quand j'aimais à cueillir la fleur qui croît aux
[champs ;

A secouer sur moi ces gouttes de rosée
Qui brillent au soleil comme des diamans ;
Quand j'admirais l'insecte à l'aile diaprée,
Lorsqu'il était posé sur une frêle fleur :

C'était là le bonheur !

— Voir naître aux prés la pâquerette,
Le bouton d'or, la violette.
Dans le saule, ami des ruisseaux,
Entendre chanter les oiseaux ;
Respirer la haie embaumée
Par l'églantine parfumée ;
Poursuivre le gai papillon
A travers l'herbe du vallon ;
Voir le ciel bleu sous le feuillage,
Aux zéphirs livrer son visage,
Et sentir son cœur palpiter,
Bien qu'on soit seul ; — c'est exister !
—Mais cette volupté des premières années,
De laquelle on jouit presque sans le savoir,
Se décolore ainsi que nos belles journées,
Sous les sombres ailes du soir !
Chaque fleuve en expirant regette dans le vide
Un peu de ce bonheur dont notre âme est avide ;
Tristes jouets du temps qui nous suit pas à pas.
   Nous sommes, ici-bas,
Comme l'arbre qui voit sur la route commune,
  Tomber ses feuilles une à une !...
   — Au fond, qu'est-ce que le plaisir
    De la terre ? — Un désir,
    Qui produit une jouissance ;
Un libre épanchement de toute l'existence
    Sur l'objet qui séduit ;
Puis un trait qu'on efface et qui s'évanouit
    Ainsi qu'une vapeur légère !..
Du vase bien souvent la liqueur est amère !
La vie a des écueils pour chacun de nos pas !
Souffle et mystère, c'est un rêve
   Qui se décolore et s'achève,
   Dans les angoisses du trépas !
   Alors on a vu sa couronne
   Se flétrir et se dessécher
   Sous le regard qui l'abandonne
   Et la main qui sut l'attacher !
   On a vu sa coupe remplie
   Se répandre jusqu'à la lie
   Sur les épines du chemin !
   On a vu fuir le lendemain !
   Et l'on s'est dit dans sa misère :
   « Pour être heureux sur cette terre
   » Où l'on veut tout approfondir,
   » Il ne faudrait jamais grandir ! »

Désirée PACAULT.

DESCRIPTION

DES

BROSSES OLÉOINES.

C'était une chose bien désagréable pour le coiffeur que d'être obligé, pour enduire les cheveux de ses cliens, de se graisser les mains et de les empreindre de toutes sortes d'odeurs parfumées ! Ce fut toujours là l'inconvénient du coiffeur. Les consommateurs n'ont pas moins ressenti de dégoût pour ces odeurs cosmétiques dont ils aiment cependant à se nourrir les cheveux. Que faire, pour réunir l'utile à l'agréable ? Il fallait imaginer une brosse-flacon : la voici. Ce n'est pas seulement à l'usage de la tête qu'on l'emploi, car d'après son principe et sa mécanique, elle s'applique tout aussi bien aux pinceaux à barbe, qu'aux brosses à ongles et à celles des dents.

L'élégance des formes et des décors ne le cèdent en rien aux plus belles brosses anglaises. C'est un article nouveau dont l'industrie française se glorifie et que d'augustes personnages ont honoré du plus bienveillant accueil.

Voici les noms qu'on donne aux modèles que nous offrons dans cette livraison.

N° 1, Raquette. — 2, Raquette à pans. — 3, Grand carré. — 4, Violon. — 5, Raquette large. — 6, Petit carré. — 7, Carré moyen. —8, Brosse à dents, canique. — 9, Brosse à dents dite serpent. — 10, Pinceau bombé. — 11, Pinceau droit.

Voici ce qu'on met ordinairement sur ces brosses : celles à l'usage de la tête contiennent de l'huile ou de la bandoline ; celles à dents, de l'eau dentifrice, de la poudre ou de l'opiat ; celles à barbe, de l'essence ou de la poudre de savon.

Imprimerie de A. BELIN, rue Sainte-Anne, 55.

PATRONS

DE TOURS DE CHEVEUX FRISÉS.

Quoique les tours soient rangés dans le petit postiche, il n'en est pas moins vrai que cette branche de commerce est très-productive pour tout coiffeur qui l'a étudiée à fonds, et qui veut se donner la peine de bien traiter cet article. On voit même des maisons qui ne se livrent qu'à ce genre de travail, trouver le moyen de bâtir des fortunes. Je citerai M. GALICI, mais, me dira-t-on, M. GALICI ne fait que des tours indéfrisables, et les patrons dont il s'agit s'appliquent à des tours frisés. A cela je répondrai que M. GALICI ne fait que des tours indéfrisables, parce que cette mode qui tire à sa fin, lui offre encore quelques avantages, que, de même qu'il sait établir un chou de coques sur peigne, ou bien un bandeau. Cet artiste ayant étudié la base fondamentale des tours, ainsi que tout bon coiffeur, en fera quand il voudra, de frisés et de crêpés, qui accompagneront parfaitement le visage, et qui plaqueront bien sur le front.

Dans la confection d'un tour il y a plusieurs choses à considérer, notamment, si la personne pour qui le postiche est destiné a les cheveux gras; si elle a la figure longue ou arrondie; si ses sourcils sont épais ou minces; et si ses traits sont forts ou délicats; si la personne a les cheveux gris, il faut remplacer la séparation de devant par une raie de chair bien faite et dont la teinte assortie à la nuance du cuir chevelu, voile quelque peu les traces de l'âge et lui offre la couleur qu'elle avait, comme disent toutes les vieilles, en poussant un soupir... Autrefois...!!!

Il ne suffit pas de masquer de la grisaille naturelle par une raie postiche faite au métier, il faut que la monture du tour soit plus ou moins avancée sur le front, selon que les cheveux blancs descendent bas sur le devant; car, rien n'est plus laid que ces petites mèches jaspées qu'on voit ressortir en dessous de certains tours manqués. Le modèle A est donc propre à une personne qui a les cheveux plantés bas sur le front, celui B au contraire, s'adresse à un front haut, ou bien, à des femmes qui peuvent laisser voir un commencement de raie naturelle.

Ce modèle, étroit comme il est, ne comporte pas de raie de chair; mais en élevant une masse carrée, ou bien un ceintre sur le haut du milieu de la monture, une raie se place parfaitement et le front reste toujours découvert.

Il faut regarder si la figure est longue ou arrondie, parce que le petit oreillon figuré à la droite du tour A devra, ou ne devra pas être utile. De même que les mèches des tempes, elles doivent être plus ou moins longues, selon que le visage est alongé.

En prenant la mesure d'un tour, le coiffeur doit aussi faire attention si les sourcils sont épais ou minces, parce que la physionomie supporte une couleur de cheveux plus ou moins dure, selon qu'elle a plus de force et de vigueur.

Des traits affaiblis par l'âge appellent des cheveux clairs et blonds, un mélange de blanc ne mésied même pas mal à un certain âge, mais il y a peu de femmes qui consentent à se montrer telles qu'elles sont; les hommes seuls, ont le bon esprit de savoir suivre le torrent.

Les traits sont-ils durs ou délicats? Voilà une question qu'on doit se poser, afin de ne pas courir le risque de faire des tours trop touffus; et, je ne crains pas de le dire, si chaque coiffeur avait le soin de faire cette observation toutes les fois qu'il reçoit des commandes de tour, messieurs les marchands de cheveux vendraient moins de marchandises, et les femmes s'en trouveraient beaucoup mieux.

Les deux autres modèles s'adressent à des femmes plus jeunes; cependant ils sont soumis aux mêmes règles que les deux premières, quant à l'oreillon d'accompagnement, l'épaisseur des cheveux et la teinte en harmonie, non-seulement avec celle de la personne, mais encore avec les traits.

Avant de traiter de la confection, je dirai que le postiche ayant toujours un peu de dureté, on doit, même pour les jeunes femmes, mettre une nuance plus claire que celle des cheveux naturels.

CONFECTION DU MODÈLE A.

Le patron doit être mis sur le devant d'une tête à perruque, afin d'y tracer le tour, après quoi on pose son ruban, lequel doit être du n° 1|2. Quatre pinces, une à chacun des coins du carré qui marque la place de la raie, tendent le ruban ; on en fait aussi une à chaque bout du tour. Cela fait, on pose un large ruban au milieu ; puis un léger ressort d'acier de chaque côté dudit ruban. Deux autres ressorts soutiennent les parties ceintrées sur les tempes ; cela fait, on tend les fils, et un tulle de soie, couleur solitaire, remplit les deux côtés du tour.

Dans la confection d'une monture semblable, il faut que les ressorts soient garnis d'une peau mince par les bouts, et couverts avec du ruban n° 1, la couture en dessus, afin que le dessous soit bien uni ; mais, pour que lesdits ressorts se trouvent de la longueur convenable, on ne doit jamais les préparer avant d'avoir tendus les fils.

Voilà pour la monture. Le montage des cheveux exige certains petits soins sans lesquels un tour ne saurait produire un bon effet ; la raie de chair, par exemple, doit être cousue en commençant par en bas, le bord de l'implanté sur le picot du ruban, la raie de chair renversée à l'envers, afin qu'en la relevant la couture soit invisible, et qu'on ne puisse apercevoir près du front que le fond clair de l'implanté, et non une bordure de points noirs, qui décèle le mauvais ouvrier. Il y a un autre moyen d'obtenir un bord de front naturel, c'est de faire passer sous le tour le gros de Naples qui excède l'implantation : ce procédé est plus simple et plus prompt. Afin de mieux dissimuler la naissance de l'implanté, il faut avoir le soin de croiser une petite mèche au bord du tour ; cela imite d'ailleurs un petit épi qui se rencontre souvent dans la nature. La raie étant posée, on en met les cheveux ne frisure, on la couvre d'un morceau de papier, afin de ne pas la salir pendant que l'on coud le restant des cheveux.

La tresse doit être cousue de manière à jeter les cheveux, autant que possible, dans le sens de la raie de chair, du moins à partir des ressorts des côtés jusqu'à ceux du milieu : un implanté se lie mal avec des cheveux qui ne suivent pas sa direction.

A moins qu'il ne faille donner de la longueur aux boucles des côtés, un peu de tresse à perruque est nécessaire à chaque bout du tour, pour représenter ce qu'on appelle des accroche-cœurs. Il est inutile de dire que le dernier rang de tresse doit être à simple tour, sans têtes, et qu'il faut, après avoir cousu tous les cheveux, les retrousser à contre-sens, et faire ressortir toutes les têtes, pour les couper aux ciseaux.

Une chose qui ne se fait pas toujours, c'est d'étager les cheveux. Je recommande de bien prendre ce soin d'abord, en préparant les paquets de cheveux par longueurs, ou, si l'on se trouve obligé d'établir des tours avec de la tresse faite à l'avance, il faut qu'un coup de ciseaux, donné avec ménagement, répare un oubli qui ferait que la frisure serait lourde et de mauvais goût. Des élastiques, au lieu de petits rubans, voilà ce qu'on doit mettre pour faire tenir un tour ; sans cela, une femme est mal à son aise, et c'est ce qu'on doit toujours éviter.

Pour le modèle B, les mêmes principes se reproduisent, quant à la pose du ruban, la garniture des ressorts et la pose du tulle, seulement, je conseille de poser le tulle avant les ressorts, parce qu'on en sent moins la dureté. La tresse par exemple doit être posée en travers, à moins qu'on n'y ajoute une raie de chair. Comme il faut qu'un tour soit aussi tendu du haut que du bas, je conseille de former une fourche de ruban à chaque bout de celui-ci, parce que les côtés se trovant plus larges que le centre, les oreillons se soulèveraient.

Pour construire les touffes à coulisse C et D, il faut faire la monture avec du ruban n° 1|2 ; garnir de légers ressorts avec du 3|4, et ne monter les tresses que sur les ressorts et les rubans d'entourage, de manière à ce qu'on ne puisse apercevoir en dessous aucun corps de rang. Je dois faire observer qu'ici les ressorts seuls garnissent la monture ; aussi bien de mes confrère appellent-ils cela touffes à claire-voie. Les coulisses sont formées par trois œillets pratiqués dans chaque touffe avant d'y coudre les cheveux. Ces montures, qui, ainsi que les précédentes, demandent à être foulées et bien applaties, avec un fer plat et bien chaud, peuvent être garnies de baleines souples et minces, au lieu de ressorts d'acier.

IMPRIMERIE DE A. BELIN,
55, RUE SAINTE-ANNE.

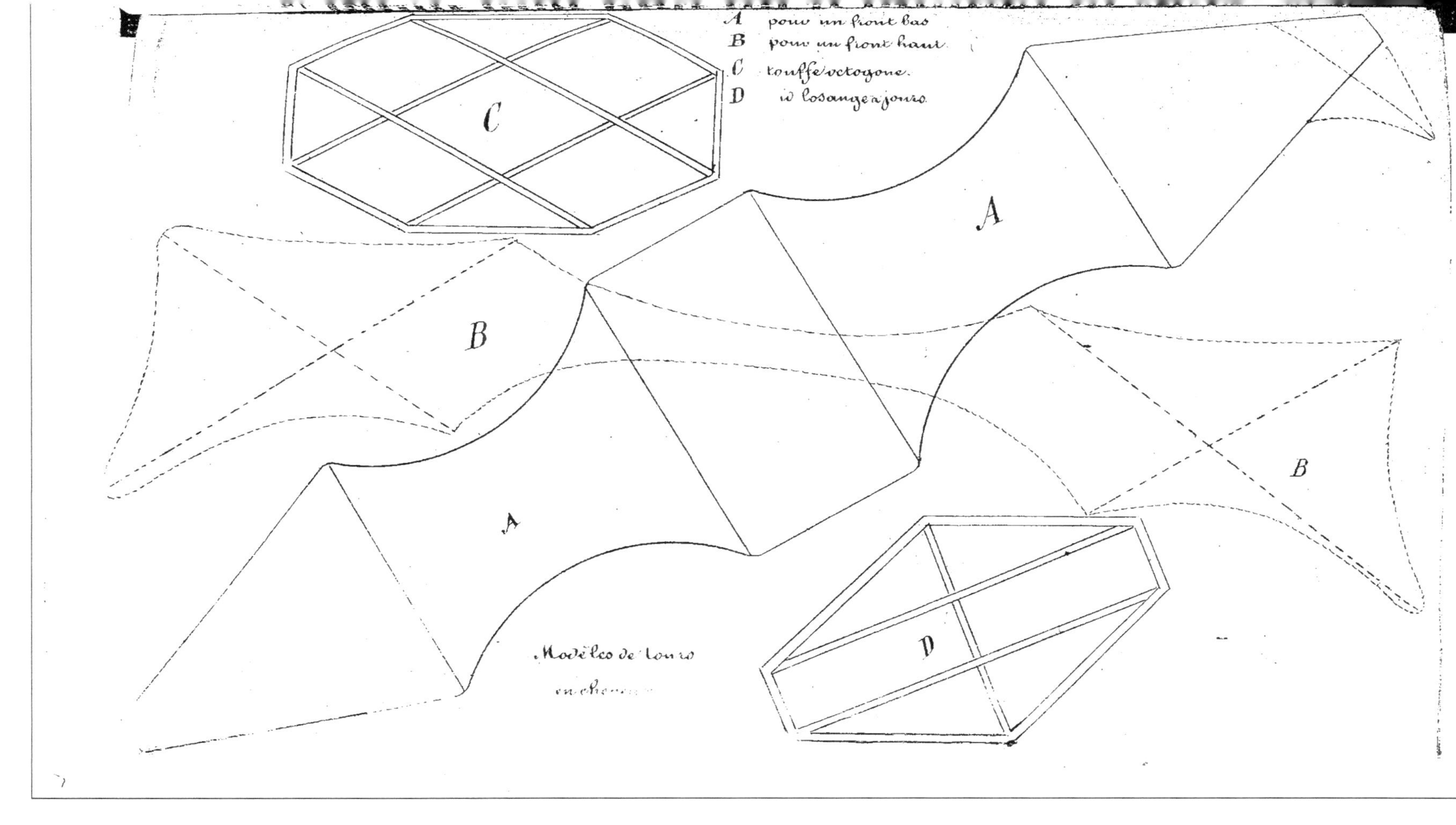

A   pour un front bas
B   pour un front haut
C   touffe octogone.
D   id losange a jours.
A
B
C
D
Modèles de tours
en cheveux

Brosses Oléoines, inventeés par Croisat, Breveté.

Les 101. Coiffeurs de tous les pays.

SOMMAIRE

On s'abonne à la Direction, Rue Croix des Petits-Champs. 2.
vis-à-vis celle du Coq.

1 Toilette de Mariée composée par Mlle Lefevre — 2 Robe à plis croisés façon Palmyre
Tour à torsades par Mlle de Brisy r. Montmartre 164 — 3. Turban de Baudran
4 Couronne à grappes de Chargot, r. Richelieu, 81.

DESCRIPTION DES COIFFURES.

(18ᵉ Livraison.)

PLANCHE DE FEMMES.

N. 1. — TOILETTE par mademoiselle **LEFÈVRE**, aujourd'hui dame **CROISAT.**

Si je fusse restée simplement directrice de mes journaux, étrangère à toute combinaison de toilette, l'idée de m'associer à messieurs les *Cent-et-un Coiffeurs*, ne me serait probablement jamais venue, jamais je n'aurais eu l'ambition de participer à un ouvrage d'aussi haute portée, et d'une aussi grande utilité. Mais élevée, comme je l'ai été, dans l'art de confectionner toute sorte d'ajustement de femmes, initiée depuis longtemps dans les secrets de coquetteries et les mille raffiments de goût qu'ont inventés nos ravissantes petites maîtresses de Paris, il ne fallait rien moins qu'épouser un professeur de coiffure pour que mes doigts se missent à jouer avec des fleurs, des barbes et des masses de cheveux ; de là cette coiffure qui termine la toilette de mariée, que publie aujourd'hui le livre des *Cent-et-un*, et que j'offre à messieurs les souscripteurs de l'ouvrage, dans l'espoir de leur faire plaisir.

Exécution. On commence par nouer les cheveux assez bas, puis on en fait une torsade qu'on tord fortement. Une fausse mèche de trois onces environ, sert à former une seconde corde à puits. Le trognon des faux cheveux est adapté sur le cordon, et ces deux grosseurs réunies servent de coussin pour former le chou qui se fait, en commençant par le haut et en tournant toujours. Lorsque les cheveux ont 3|4 en longueur, il suffit de former une corde, et de la tourner ainsi trois fois autour du cordon pour obtenir le même résultat.

Les barbes pliées en deux laissent un vide là où l'épingle les presse et, c'est à cet endroit qu'on pose la branche de fleur qui couronne le chou. Les frisures, pour qu'elles ne vieillissent pas, doivent être retenues sur le bas de la tempe par un petit peigne à l'anglais, façon *Covard*.

N. 2. — Coiffure de DINER, par **CROISAT.**

Il ne suffit pas qu'un coiffeur sache bâtir des échafaudages difficiles et élégants, car il est bien des cas où les femmes n'exigent de lui qu'un simple arrangement de cheveux, qui tout en ornant la tête, puisse leur permettre de poser à volonté un bonnet ou un chapeau ; on voit même beaucoup de dames porter pour petites soirées ou spectacles des tours de figure qui avantagent beaucoup le visage, mais qui, vu le nœud obligé de derrière, restreignent le coiffage à la simple expression de celui pour chapeau. C'est dans cette catégorie que je place le chou composé d'une corde à puits à coulisse, et d'une tresse circassienne qu'on pose ainsi qu'il suit : on noue d'abord les cheveux avec un lacet de soie de 5|4, afin qu'il ait un excédant d'une demi-aune, puis on prend la moitié de la chevelure pour en former la corde à puits ; l'autre moitié sert à faire la tresse : si la dame a une fausse natte, il faut tâcher de faire la corde avec ses cheveux propres, parce qu'autrement on éprouve beaucoup de difficultés. La corde étant formée, on enlace le bout de coulisse qui est resté flottant. Arrivé à la pointe des cheveux, tenant la coulisse d'une main on pousse la corde sur elle-même, et elle grossit ; mais comme elle serait trop molle on la tord, et puis on la pose autour du lien des cheveux, où la coulisse la serre fortement. Trois épingles plantées dans le lien achèvent de donner à ce commencement de coiffure la solidité qu'exige le poids de la tresse *circassienne*. Cette masse de couronnement est fixée à l'aide de trois épingles plantées verticalement.

Le derrière de cette coiffure est plat et imite un cul-de-lampe antique, genre de coiffure italienne, qui comporte l'*épingle à tête en or et en argent*.

N. 3. — TURBAN, par **BAUDRAN**.

Ce turban, composé par une grande modiste, n'en est pas moins une pièce à la portée d'un coiffeur, fait d'une seule étoffe coupée en deux ; il est extrêmement facile à exécuter, voici le moyen : on enveloppe la tête avec le bout de la gaze ou tulle qu'on réunit vers la fossette du cou, puis avec de la mousseline empesée ou bien avec du tulle de soie, on forme un bourrelet qui règne autour de la tête, ayant soin de faire le devant très-élevé, ensuite on couvre ledit bourrelet par masses, en commençant par le bout d'étoffe qui a servi pour le fond et qu'on pose en rabattant. Le second bout se plisse et se pose à côté de la naissance des plis de la première masse et entoure le bourrelet en rabattant, chaque masse est retenue par une épingle piquée sous le bourrelet. Les masses se font alternativement et sans trop les presser sur le bourrelet, afin d'éviter la roideur que donnent presque toujours les carcasses de toile ou de fil de fer. Lorsque le turban est fini, c'est alors qu'on pose la bayadère de perles, dont les glands tombent sur l'oreille gauche.

Ce turban est ce qu'on appelle un turban coudé, il monte très-haut sur le devant et descend bas sur le cou.

N. 4. — GUIRLANDE de fantaisie, par **CHAGOT**.

Cette monture sied parfaitement aux visages chiffonnés, le volume de la touffe de fleurs dispense presque de frisure d'un côté de la tête, ce qui donne une gracieuse difformité. Un coiffeur exercé peut, au moment de coiffer une dame, établir une couronne semblable s'il a à sa disposition une rose, quelques grappes légères des feuillages et de toutes petites fleurs.

Une pose. Le cordon de fleurs autour de la coiffure et la touffe sur le côté.

-Autre pose. Ledit cordon posé en avant de la tête en forme de chaperon faisant contre-poids au bouquet. Ceci est du plus gracieux effet.

PLANCHE D'HOMMES.

N. I. — Coiffure À FRIMAS, par **CROISAT**.

Allons-nous en avançant ? allons-nous en reculant ? Voilà ce que l'on se demande depuis que la jeunesse élégante, hommes et femmes, prend plaisir à se faire *saupoudrer* les cheveux. Et nous disons *saupoudrer*, parce que, dans le nombre considérable de jeunes gens que l'on remarque en voiture, au boulevart, dans les cavalcades du bois de Boulogne, ou bien dans nos riches salons, l'on n'a pas vu une seule tête complétement poudrée à blanc. Aussi les *Nestors* de la coiffure, qui se réjouissaient déjà de la réapparition de l'amidon, sont-ils retombés dans la stupeur en voyant que la *jeune France*, toujours attachée à ses boucles flottantes, dédaignait la *queue* et le *tapé*. Qui le croirait ! d'anciens perruquiers n'ont pas craint de s'écrier, en voyant passer des coiffeurs de la nouvelle école : Nous en férions plus avec une fourchette que tous ces *fashionables* de la coiffure avec le plus beau démêloir ! ! !

Je me trouvai un jour apostrophé de cette façon. « Tout beau, mon ancien, répondis-je ; sachez mieux apprécier votre siècle. Voyons, qu'est-ce que vous nous reprochez dans nos coiffures ? Sont-ce les boucles naturelles, ou bien est-ce de voir tomber la poudre sur les habits ?

— Je déteste, exclama-t-il, vos boucles de caniche, vos dessus de tête lissés à

Les 101 Coiffeurs de tous les pays.

SOMMAIRE

On s'abonne à la Direction. Rue Croix des petits champs. 2.
vis à vis celle du Coq.

1 Costume à l'anglaise Cheveux frimatés par Croisat. N.º 2. Redingote-che-
valière. Coiffure en brosse par le sommet— 3 Blouse à gerbe et à col mandarin; guêtres
en satin. Ces deux petits costumes sortent de la maison Cis-cury tailleur d'enfant, r. N.lle
des P.tts Champs 31 Chapeaux et Casquette de chez Crousse r. Dauphine.

LA VEILLE,

LE JOUR

ET LE LENDEMAIN.

La veille son cœur palpite, ses joues se colorent, ses yeux, pleins de regards tendres et inquiets, s'arrêtent sur sa mère qui l'observe avec plus de sollicitude encore que d'habitude et qui la bénit, parce qu'elle l'a rendue heureuse, quand celle-ci se jette dans ses bras en songeant au serment qui doit le lendemain briser la plus intime, la plus douce partie de leurs liens de mère et de fille, comme l'aquilon jaloux sépare en passant les branches nées sœurs, qui jouissaient fraternellement de la paix du ciel et des suaves harmonies répandues autour d'elles. — Pauvre jeune fille ! déjà ses rêves d'enfant, ces rêves qu'elle faisait si confiante et si joyeuse, ne savent plus lui sourire ; ce qu'elle éprouve est si vague, si confus et si étrange, qu'elle ne peut le définir. En une minute elle est triste, folle, craintive, heureuse et naïvement coquette. Tour à tour elle pleure, elle rit, elle soupire, elle chante ou se tait ; parfois elle souffre jusqu'à se briser, car ses pensées sont encore couvertes d'un voile qu'elle a peur de voir soulever ; mais aussi il y a quelque chose qui calme ses frissons, dissipe ses larmes, douce rosée d'amour, et l'inonde d'un bonheur ineffable ; c'est la certitude qu'elle est aimée de celui qu'elle aime ! De celui qui du moins la nommera *sienne* en jurant de lui rester fidèle, et qu'elle promettra d'aimer toujours, devant Dieu et les hommes ! — Oh ! cette promesse, comme elle sera chère à son âme de femme sans tache, et de combien de respects elle saura l'environner durant sa vie ; noble et pieuse mission que peu d'entre nous avons le courage de remplir dignement ! et des songes, purs et beaux comme elle, la bercent durant son sommeil, tandis que lui il veille, en rêvant à l'ange que va lui donner le ciel, pour compléter son être ici-bas, et alléger le poids de ses heures ! — Déjà l'étoile se perd dans l'azur ; le soleil épanche ses rayons sur la terre, un parfum enivrant semble s'échapper de tout ce qui l'entoure pour dilater son cœur et continuer son rêve d'amour ; il sourit, il est heureux, il va la revoir, s'unir à elle et ne plus la quitter ! Faible fleur que pourrait briser l'orage, il va lui servir d'appui, se déclarer son ami, son protecteur, l'appréciateur de ses vertus, et le fils d'une autre mère ! Oh ! comme il les aimera toutes deux ! Comme il aimera cette mère qui la lui aura donnée, cette sœur qui l'appellera son frère, et ce frère dont elle aura reçu les premières caresses et guidé les premiers pas ! — Tout en raisonnant de la sorte, sa toilette de marié s'achève ; le voilà paré, ganté, parfumé ! Que la coupe de son habit est gracieuse ! que ce gilet est riche, et qu'à travers ce jabot délicatement plissé, les épingles à tête de diamants jouent un rôle merveilleux ! La cravate aussi est nouée d'une façon admirable, et les cheveux bouclés avec toute la coquetterie permise en pareille circonstance ! En peu d'instants une voiture élégante l'emporte, lui et ses espérances, et s'arrête bientôt sous le vaste portail d'un hôtel du faubourg Saint-Germain, où des valets à livrée le devancent respectueusement jusqu'au salon, dont il effleure à peine le seuil, tant il se sent heureux et léger. Parmi la foule brillante et surchargée de diamants qui s'offre à ses regards et le considère avec complaisance, car il est aimable et beau, il cherche sa fiancée; mais elle n'est pas encore là, et son cœur bat d'impatience, et il foule avec dédain le riche tapis à guirlandes et à arabesques qui a le malheur de se trouver sous ses pas ce jour-là. — Il y a toujours un peu d'égoïsme dans les meilleurs sentiments de l'homme; néanmoins nous sommes forcés de convenir qu'il faut être doué d'un grand stoïcisme pour compter sans s'émouvoir les longues heures d'une pareille attente! Se marier n'est pas chose aussi facile qu'on le pense; avant que la cérémonie soit achevée, il faut passer par tant d'épreuves différentes, qu'en vérité il faut être réellement appelé à cette œuvre pour supporter tout cela. — Et tandis que les voitures encombraient la rue et que la noble assemblée devisait paisiblement au son mesuré du balancier de la pendule, la toilette de la mariée s'achevait dans une chambre quelque peu éloignée du salon. Elle s'achevait comme une nuit de printemps s'achève au milieu des feux éblouissants du jour. — Mademoiselle de M*** joignait au charme de la beauté qui passe si vite, celui plus réel et plus durable d'être bonne et gracieuse pour tous. Aussi quand elle parut chacun se prit à la regarder, à l'admirer, à l'aimer; elle magnétisa tout le monde; et en vérité cela n'était point étrange, car il y a dans la fleur d'orange de mariée quelque chose de divin et de fascinateur qui vous saisit au cœur et vous inonde de sa poésie, toute d'amour et de mystère! Des barbes d'Angleterre de 5/4 de large, retombaient avec une grâce tout aérienne sur une partie du col et de la taille — Ce fut un doux moment pour le fiancé que cette apparition tant désirée! Il se crut dans les cieux, il se laissa aller à son bonheur, comme s'il l'eût rêvé; à peine s'il vit l'église, s'il entendit le prêtre!.. Le plus beau jour de sa vie luisait!

Mais le lendemain... — Le soleil avait déjà moins d'éclat; c'était la première phase de *la lune de miel.*

Une Promenade au Salon.

O fortunatos nimium :....

Heureux les journaux à colonnes larges et serrées qui, décorés du titre pompeux et ronflant de *grands* journaux, peuvent recueillir à leur aise les noms de tous les artistes marchant, nouveaux Argonautes, à la conquête d'une nouvelle toison d'or! heureux l'ouvrage des *Cent-Un* qui, malgré sa spécialité, proclamera la liste des athlètes victorieux! Expliquons notre pensée.

Ce sont de belles toiles, sans aucun doute, que celles des Delacroix, des Steuben, des Charlet, des Vinchon, et de tant d'autres que la renommée poursuit, mais ce sont des pages historiques pour la plupart, et qui ne sont nullement de notre domaine. Ce qui nous intéresse, nous autres coiffeurs, ce sont les portraits, genre si bien traité par *Dubuffe*, *Cour* et quelques autres artistes de la capitale; ce sont ces tableaux qui nous reproduisent des ensembles de toilettes faits quelquefois pour éveiller nos imaginations d'artistes. Comme madame de Béague, peinte par Cour, est charmante sous ce costume à la Valière, et les cheveux frisés à la mode du temps! Coiffeurs et couturières devraient voir ce tableau. Le portrait de madame la maréchale marquise de G.·., fait par Dubuffe, nous représente un turban à l'orientale du plus gracieux effet; il est aisé de reconnaître la touche d'un bon coiffeur. Comme madame la comtesse de F.·., peinte par le même, est désavantagée par des bandeaux-Clotildes courts des joues, elle qui a le visage plein! *Dupont* nous a représenté madame la duchesse d'Orléans le front ceint d'une couronne de marguerites, d'où s'échappent des tresses au moyen âge, ce qui ajoute encore à sa dignité. Madame Dupré, femme du grand chanteur, si elle était moins maigre, serait très-bien avec ses tresses à double étage sur les côtés.

Roberti, de Bruxelles, qui s'est distingué dans son étude de *nature morte*, a écrasé la figure d'une jeune femme, aux traits délicats, sous un amas de gros tire-bouchons.

Avant de quitter le musée, nous jetterons un coup d'œil sur les autres tableaux.

Voyez-vous cette *mère amusant son enfant au berceau?* Quelle joie pourrait être plus sentimentale et plus douce, et que je remercie M. Cholet d'avoir eu au cœur cette sainte pensée! Il doit être bon, cet homme, car il s'occupe des petits enfants.... Et ce que je remarque avec plaisir, c'est que l'exécution répond bien à l'idée de l'artiste; la peinture est à la fois simple et jolie, et la même fraîcheur se retrouve dans les *Petits pêcheurs à la ligne.* Le *portrait* de madame Eugénie Foa nous montre que M. Cholet peut s'élever quand il lui plaît.

M. Longuet veut nous transporter en Bretagne; le chemin est long, mais nous arrivons un *jour de marché*, et nous voici dédommagés de la course. Et cette *danse bretonne* que nous voyons là-bas, y a t-il rien de plus curieux pour nous autres Parisiens? Nous aimons à croire que la *Scène familière* qu'il a exposée ne ferait point tort aux jolis tableaux que nous venons de citer, mais il ne nous a point été donné de rencontrer celui-ci, et nous en sommes fâchés, non pour l'artiste, mais pour nous.

Quelle *Maîtresse-femme!* son mari fait avec un vieux sergent de trop copieuses libations, et c'est à peine s'il entend la voix qui lui crie de rentrer au logis. — Bien! — Mais comment finira cette histoire? habit, chapeau, la femme emporte tout, et voilà le mari penaud, bien penaud..... Ceci s'appelle du Bellangé; est-il besoin d'ajouter quelque chose?

« Qui en veut donc, des oranges ? » Ce n'est point là le cri rauque de nos marchandes; aussi madame Feytaud nous a-t-elle donné une *Bordelaise* qui fait plaisir à voir.

J'ai vu des amateurs s'extasier de bon cœur devant une *Scène de douane à la frontière*, et pourquoi n'avouerais-je pas à M. Biard que j'en ai fait autant? Mais je n'ai pas moins ri à la vue de la *Maîtresse d'école* de M. Quesnel, et vraiment quel sérieux ne pourrait être entamé par l'air de pédantisme qui distingue si éminemment celle-ci! Chaque enfant nous a paru d'une vérité parfaite, et nous ne savons ce qu'il faut le plus admirer, de la disposition des petits personnages, ou du coloris qui vient prêter son charme à tout le tableau.

Mademoiselle Melina Thomas a abordé avec bonheur deux sujets haut placés, *Anne de Boleyn* et *Charlotte Corday*. Celui-ci nous a paru mieux rendu; est-ce le patriotisme qui a parlé en nous? Il y a de la finesse dans la touche de mademoiselle Thomas, et cette finesse ne nuit en rien à la noble fierté de son héroïne.

Des cinq tableaux exposés par M. Vallou de Villeneuve, nous n'avons pu voir que *la Réprimande paternelle*, qui nous a paru bien esquissée et bien coloriée. Nous serons plus heureux peut-être dans notre deuxième promenade. Nous dirons cependant à M. de Villeneuve que nous avons vu avec plaisir son portrait de la main de M. Franquelin, et à M. Franquelin que, pour avoir admiré sa prodigieuse fécondité (17 tableaux exposés), nous n'en avons pas moins admiré quelques-uns de ses tableaux, qui nous ont paru réunir le bon goût à une exécution heureuse. *Le premier pas* et *la bonne vieille* ont surtout fixé notre attention.

Mademoiselle Adèle Ferrand n'a point traité un sujet nouveau, *Milton dictant le Paradis perdu*, mais elle l'a traité avec un aplomb qui se retrouve dans le portrait en pied de mademoiselle Beltz. Il y a du style et du dessin.

Décidément M. Grosclaude ne veut point perdre l'habitude de nous plaire en nous amusant. J'aime son *Petit déjeuner* et *ses Enfants en liberté ;* mais j'aime aussi l'*Enfant jouant avec des lapins* , de M. Stanislas Darondeau.

Il y a trop de noble gentillesse dans *Diane de Poitiers posant pour Jean Goujon en présence de Henri II,* pour que nous laissions échapper l'occasion de dire à M. Cibot qu'il nous devra quelque chose de plus grand à la prochaine exposition. M. Cibot a besoin de toiles d'une plus vaste dimension, où son talent puisse respirer à l'aise.

Hélas ! hélas ! que ne pouvons-nous citer tous les tableaux qui nous ont arrêté ! avec quel plaisir nous mentionnerions en première ligne la *Reconnaissance* et *les Adieux* de M. Schopin, l'*instruction pieuse* de M. Jacquand, *Mère et sœur* de mademoiselle Fabre d'Olivet , et *Clotide de Surville* de mademoiselle Irma Martin. L'artiste nous a fait oublier un instant que cette femme, rêvant à ses poésies, n'est malheureusement qu'un être imaginaire, et nous avons goûté la douceur d'une rêverie délicieuse. Poésie pour poésie, j'aime autant celle de mademoiselle Martin que celle de son modèle.

Les tableaux renfermant la *Déclaration* de M. Lecomte, et ses riches costumes, la *Vierge miraculeuse* de M. Lefebvre, le *Camoëns* lui-même, de M. Félix Leullier , quoique pleins de beautés du premier ordre, se sont vus éclipsés par une gracieuseté de M. Perdoux, *jeune enfant sur une chèvre* , *et soutenu par sa mère* , et par une bonne plaisanterie de M. Roehn fils, le *jugement de Pâris,* c'est-à-dire de trois jolies jambes de femme. Le *Pas du schall* et *la Servante-maîtresse,* du même auteur, nous ont paru mériter une mention honorable.

La réputation de M. Destouches se soutiendra avec *le livre d'Église* d'un gracieux fini, *la Fille bien gardée* et *la Marchande de bouquets.*

La Porteuse d'eau de Venise, le Retour des champs dans le canton de Berne, nous ont offert des costumes délicieux, peints avec beaucoup de vérité par M. Guet. Le même mérite se fait remarquer dans *les Paysannes des environs de Naples* , de M. Dupré.

M. Goyet, dans *les Époux d'un jour,* M. Francis, dans la *Famille de pécheurs,* M. Lavanden, dans *le Récit du matelot,* M. Lavergne, dans *les Petits enfants bénis par* Jésus-Christ, et M. Lebour, dans ses deux tableaux si différents, *Sainte Elisabeth de Hongrie* et *le Jeune enfant jouant avec des bulles de savon,* nous ont paru dignes de l'attention des amateurs.

Nous regrettons sincèrement que le défaut d'espace nous empêche de mentionner une foule de jolies choses que nous passons sous silence malgré nous, ce sera pour notre deuxième promenade au Salon. Nous devons pourtant avertir nos lecteurs que les *portraits* et les *paysages* auront le pas sur les *tableaux de mœurs.*

Qu'il nous soit permis de terminer cet article par un ouvrage de M. Paul Carpentier. *Louis XVI donnant des instructions à Lapeyrouse* , est une peinture à la cire, pleine de transparence et de lumière, et qui remplit complètement son but , l'imitation de la nature. Cette peinture ne s'obscurcit point comme la peinture à l'huile, elle conserve au contraire toute sa fraîcheur et tout son éclat, et cela sera compris aisément, si l'on veut remarquer qu'il n'entre aucune cause destructive dans le matériel de cette peinture. Nous félicitons sincèrement M. Carpentier du zèle qu'il apporte à propagation de ce genre encore peu recherché des artistes, et qui nous semble devoir occuper bientôt la place honorable que l'art lui assigne. M. de Montabert a trouvé un digne prosélyte. *La Capricieuse* ne pouvait faire qu'un accueil bienveillant à M. Carpentier.

l'eau de savon, et votre profusion de poudre qui ne tient pas sur les cheveux.....
— Je comprends : vous aimeriez mieux sur le front un léger vermicelle, s'élevant en racines droites, et les cheveux du derrière de la tête réunis dans une
bourse, à la manière des cochers du château. Cette coiffure, en effet, est plus durable; mais, mon cher confrère, sachez que (selon nous) c'est là un immense
défaut. Aujourd'hui, voyez-vous, les petits écus en coiffure d'homme ont perdu
leur procès : le calcul décimal a triomphé ; je veux dire, les pièces de 10 et 20 sous.
Dans les salons dorés de la rue Neuve-Vivienne, où la foule se presse tout le long
du jour, que donne le client pour se faire friser, poudrer? Hélas ! la modeste pièce
de 50 *centimes*, et bien rarement 1 franc. Aussi, voyez comment nous attaquons
les masses brusquement ! A peine la raie est-elle tracée et les cheveux brossés,
qu'un fer rond, de la longueur de 11 à 13 pouces, qu'entr'ouvre le quatrième doigt
de la main droite, met en frisure la moitié d'une tête, par cinq à six coups bien
donnés. Le fer d'aujourd'hui diffère du compas de votre temps, en ce que,
n'ayant point d'anneaux aux bouts des branches, les doigts, libres dans leurs
mouvements, peuvent, après avoir roulé la mèche d'un mouvement précipité, entr'ouvrant le fer, faire entrer les pointes mal prises dans la partie creuse de l'instrument.

C'est en agissant ainsi qu'on parvient à dégager entièrement le fer des rouleaux
de cheveux, sans pour cela élargir la frisure. Et, pour donner à cette coiffure le
fini qu'elle attend, écoutez : avec une brosse *oléoine*, on graisse parfaitement la
chevelure, et l'on établit son fonds de poudre en faisant parcourir la houppe de
cygne en tous sens. Un démêloir d'écaille fait pénétrer l'amidon jusque sur le cuir
chevelu ; un second coup de houppe est donné, et les cheveux sont lissés assez bas
pour préparer un lit au chapeau. Alors la main gauche se pose à plat sur la tempe,
et la main droite introduit dans les boucles de cheveux un grand démêloir qui,
retiré par secousses et en remontant, donne une coiffure légère, sorte de *fontange*
que l'on poudre une troisième fois. »

Mon interlocuteur ne se tint pas pour battu. « Mais cette coiffure est toujours
d'un blanc sale, et vous avez tort de dire qu'elle est à frimas. — Oui, monsieur, lui
répondis-je : tant que nous aurons de mauvaise poudre de fécule de pomme de
terre, nous poudrerons mal; mais que la mode devienne générale, et alors on
nous verra, endossant l'habit gris, manier avec facilité le soufflet et la houppe de
volée; lancer, aussi bien que vous le faisiez jadis, la poudre blanche, grise ou
blonde ; car, ainsi que je vais vous le prouver, nous connaissons les moyens de fa-
brication de tous ces cosmétiques.

Poudre à poudrer.

Le corps de toutes les poudres est ordinairement l'amidon le plus blanc, le plus
sec et le plus fin. On y mêle aussi du bois vermoulu ou pourri, des os desséchés
ou brûlés jusqu'à blancheur, qu'on passe à travers un tamis de crin, après qu'on
les a bien pilées. Cette poudre reçoit telle odeur qu'on veut, et surtout celle de
l'iris. L'iris est une racine qui sent naturellement la violette. On choisit, parmi
plusieurs de ces racines, celles qui sont les plus blanches et les moins piquées.
Pour qu'elles se mettent bien en poudre, on ne les pile que l'été, et on les pulvé-
rise aussi fin qu'il est possible.

Poudre blanche.

Prenez huit livres d'amidon, une livre d'iris, douze os de sèche, une poignée
d'os de bœuf et de mouton calcinés jusqu'à blancheur. Broyez et passez à travers
un tamis bien fin.

Poudre grise.

Prenez le résidu de la poudre précédente ; ajoutez un peu d'amidon et de charbon de bois blanc : pilez le tout ensemble et passez au tamis.

Poudre blonde.

Il faut seulement ajouter à la poudre blanche un peu d'ocre jaune. Vous pourrez donner à vos poudres la couleur que vous souhaiterez, en y mêlant les drogues de différentes couleurs que vous choisirez.

Poudre parfumée.

Prenez une livre d'iris de Florence, deux onces de benjoin, une livre de roses sèches, une once et demie de santal citrin, deux gros de clous de girofle, un peu d'écorce de citron. Pulvérisez dans un mortier, et ajoutez vingt livres d'amidon en poudre. Passez par un tamis fin, et colorez cette poudre comme il vous plaira.

Poudre de Chypre.

Mettez de la mousse de chêne dans un sac de toile. Trempez ce sac dans l'eau, ayant le soin de la changer souvent ; ensuite faites sécher la mousse au soleil. Pilez-la et l'arrosez d'eau-rose, faites-la sécher de nouveau, et la passez à travers un tamis. Ensuite, mêlez-la avec quelques-unes des poudres ci-dessus décrites.

Poudre de fèves.

On fait aussi de la poudre avec les seules fèves qu'on fait moudre, et dont on tire la farine par le tamis le plus fin : elle ne prend pas d'autre odeur que celle de l'iris.

Poudre de jasmin.

Pilez de la craie de Briançon, passez au tamis, mettez dans une boîte, et jonchez par-dessus des fleurs de jasmin. Fermez la boîte, et renouvelez les fleurs toutes les vingt-quatre heures. Ensuite, pilez ensemble quelques grains de civette et d'ambre, et un peu de sucre candi. Mêlez avec votre poudre.

Poudre pour conserver les cheveux.

Prenez racine de souchet long, *calamus* aromatique, roses rouges, de chaque une once et demie ; benjoin, une once ; bois d'aloès, six gros ; corail rouge et succin, de chaque une demi-once ; farine de fèves, quatre onces ; racine d'iris de Florence, huit onces : mêlez le tout ensemble, faites-en une poudre très-fine, et ajoutez-y cinq grains de musc et autant de civette.

Cette poudre, dont on se parfume la tête, facilite la régénération des cheveux, et fortifie leur racine. On lui donne encore la propriété d'égayer l'imagination et de fortifier la mémoire.

N. 2. — Coiffure EN BROSSE par le sommet.

Pour une coupe semblable, il faut séparer les cheveux à partir des deux angles jusqu'à l'épi ; tailler les cheveux par le sommet, à la mal-content, épais sur le bord du front ; et les laisser carrés en pointes tout autour de la tête, et de 8 à 10 pouces de longueur. Pour former les touffes il faut, ainsi que dans l'autre figure, poser la main à plat sur la tête, et tirer des masses en divers sens. Cette coiffure, non poudrée, prend moins de temps à faire, vu l'absence de *boucles sur le sommet.*

N. 3.

Cette coiffure d'enfant comporte la séparation au milieu de la tête aussi bien que sur le côté.

Les Cent-un Coiffeurs.

On s'abonne a la Direction, Rue Croix-des-petits Champs. 2.
vis-a-vis celle du Coq.

Costume de Mariée

1 Coiffure composée par M. Seguin, membre de l'Académie de Coiffure, rue Caumartin
Fleurs montées par M.ᵐᵉ Legrand fleuriste, rue Vivienne N.º 5. Robes de M.ᵐᵉ Audot.
2. Par Croisat fondateur de l'académie de Coiffure.

DESCRIPTION DES COIFFURES.

(19ᵉ Livraison.)

N. I. — Par **MICHEL**, membre de l'Académie de coiffure.

Cette coiffure convient à une jeune personne, par le lisse des bandeaux, le jet
de la fleur, et la légèreté du chou ; sa forme dégagée exige une conformation de tête
régulière. On l'exécute ainsi qu'il suit :

On noue d'abord les cheveux sur la ligne de l'œil, ensuite on en fait une corde
à puits en deux branches et bien serrée, qu'on donne à tenir à la personne afin
qu'elle ne se défasse pas. Après cela, avec une mèche de faux cheveux et un fil de
fer, on forme une seconde corde, pour ensuite l'adapter avec des épingles à la
gauche du lien et l'élever en auréole, faisant face en avant. La pointe de cette torsade est assujettie de l'autre côté du cordon par une épingle. Cela fait, on re-
brousse, avec un crochet de quinze à vingt lignes, la torsade faite en premier
lieu pour la rabattre ensuite au milieu du bas de la tête, chose qui présente une
masse de forme semblable à la première, mais s'offrant de profil. L'excédant de
cette torsade est employé au pied du chou, qui alors se trouve composé de trois
masses de cheveux tordus.

N. 2. — Par **COLINBISKI**, de Passy.

Rosace composée de quatre coques doubles, formant un corps plat par derrière,
et se détachant un peu de la tête au moyen d'une lame de cheveux tournée au
pied... Exécution :

Les cheveux étant noués on les sépare en cinq mèches s'ils sont courts, une
pour chaque coque et une pour le lisse de ligature. Si les cheveux sont longs, il
suffit de les séparer en deux parties ; car on obtient facilement, et mieux encore,
la rosace, si l'on forme deux huit en mèches plates et crépées. Les trois plumes,
ainsi que les fleurs, sont toutes réunies sur une même tige, de sorte qu'il ne faut
qu'une seule épingle pour les fixer.

Les choses les plus recommandées dans cette coiffure sont : 1° de bien tirer la
ligne de séparation vis-à-vis du nez, de mouiller les joues avant d'y placer les
bandeaux, pour que ceux-ci s'y collent bien, et pendant qu'on retrousse les cheveux de retenir lesdits bandeaux à l'aide d'un ruban de laine, qui prend du sommet
de la tête et se noue sous le menton, et de bien lustrer les cheveux pour donner
à la coiffure un glaci qui jette un agréable reflet sur toute la toilette.

N. 3. — Par **CROISAT**.

Orner les derrières de tête, voilà ce qui occupe le plus le coiffeur, depuis que
les toilettes ont pris un caractère historique et savant.

L'histoire s'écrit aujourd'hui sur les derrières de tête ; tantôt c'est ASPASIE que
nous rappelle un chou grec aux pointes de cheveux bouclés *aériennement ;* tantôt
c'est un enlacement de nattes, où se mêlent les perles et les rubis, ainsi qu'on le
faisait à Rome au temps des conquêtes de César.

Les nobles dames des temps anciens se représentent à nous par l'apparition,
assez fréquente, des gros rouleaux lisses formant des masses plates entre-mêlées de

rubans de velours. Et les règnes des Louis XIII, XIV et XV, sont parfaitement décrits dans ces chutes de frisures empruntées, dont les femmes commencent à se couvrir la nuque, ainsi que dans le chignon, la coque chignon, et tous les cheveux que chaque artiste arrange à sa manière sur le bas de l'occiput.

Parmi ces genres qu'on adopte indistinctement, il en est un cependant sur lequel on revient toujours depuis cinq années, et qui promet, si la poudre ne nous brouille la vue, de charmer longtemps nos regards : c'est celui des femmes de la cour de Louis XIV ; type de grâce et de richesse que nous sommes encore loin de comprendre aussi bien que Montgolbert, coiffeur de madame de Sévigné, et la Martin, cette fameuse coiffure de la cour, qui, dit-on, excellait dans les boucles légères et les tire-bouchons roulants.

C'est donc pour être utile à ceux des souscripteurs qui ne pourraient se procurer sans peine des modèles exacts de cette époque, que j'ai composé celui-ci. On remarquera que, dans cette coiffure, il s'y trouve un postiche qui dispense les femmes de se couper les cheveux pour être coiffées, comme on dit, à la Louis XIV. Pour qu'on ne puisse se méprendre sur la forme de la monture de ce supplément, j'en donne l'esquisse : voyez même planche, *figure n. 5.*

Construction de la coiffure.

Nouer les cheveux et en couvrir un rouleau de vingt-deux pouces, puis rouler cette masse ronde sur le cordeau. Aussitôt le premier tour, planter deux épingles, qui après avoir traversé le rouleau entrent dans le lien. Pour terminer le chou, on roule la masse sur elle-même sans qu'elle touche la tête ; après, une épingle emblématique (1) est plantée presque horizontalement, et la *Sévigné* est posée, la partie ronde par en haut. Pour que cette pièce s'applique bien sur le bas de la tête, on doit la fixer avec des épingles, une de chaque côté, tout près des apophyses (2).

N. 4. — Coiffure de M. **BÉJOT,** de Dax.

La chinoise est toujours favorable aux femmes qui ont le visage plein ; aussi adresserai-je de préférence cette coiffure aux personnes qui réunissent jeunesse et fraîcheur. Voici comment je chiffonne ma george, et comment je forme mes rouleaux.

Les cheveux sont noués, il n'y a qu'une seule raie qui va se perdre derrière l'oreille droite. Séparée en cinq parties, la chevelure forme trois rouleaux et une tresse Croisat, dite *tresse romantique*, et une tresse grecque. Ces trois rouleaux sont d'abord transformés en autant d'anneaux, la tresse romantique entoure la coiffure, et après avoir serré la coulisse d'en bas, on tire les branches une à une, afin de produire un treillage léger. La tresse grecque vient passer sous les frisures, dont elle relève les racines, pour les laisser ensuite se dérouler en longs tire-bouchons, tout le long du cou. Une demi-aune de gaze forme deux bouillons posés en éventails, l'un à la gauche des rouleaux, et l'autre sur le côté de la tête, et descendant bas sur la joue, qu'il accompagne agréablement.

---

(1) Chez les anciens, ces épingles recurent un grand développement. Les femmes riches en avaient pour toutes sortes de cérémonies ; aussi, lorsque le coiffeur en était à la pose des ornements, avait-il le soin de faire cette question bas à la femme : Quelle épingle mettras-tu aujourd'hui ?

(2) On appelle apophyses les parties osseuses qui se trouvent derrière les oreilles.

C'est

DE L'HISTOIRE.

—

Les femmes aiment la gloire, sous quelque forme qu'elle leur apparaisse; elles sont les premières à deviner cette auréole qui va briller sur la tête de l'artiste, du guerrier, de l'homme enfin né pour la célébrité; on dirait, à les voir se rapprocher de ce cercle lumineux, qu'elles en attendent un reflet dans leur vie obscure : ainsi la blanche paquerette, cachée dans l'herbe de la prairie, aspire à elle un rayon de soleil qui semblait l'oublier pour se prodiguer ailleurs.

Lorsqu'il est un tribut mérité, cet amour de tout ce qui est talent, distinction, renommée, cet enthousiasme pour un nom célèbre, ont vraiment quelque chose de noble et de touchant : c'est par eux que s'établit cette sympathie qui unit entre elles les âmes intelligentes; mais il est bon aussi de n'accorder ses admirations qu'avec connaissance de cause, et cette réflexion, quelque simple qu'elle soit, n'était pas venue à l'esprit de la jeune Elise de Verneuil.

Jolie, vive, coquette par nature, veuve et provinciale par fatalité, mais riche par compensation, Elise était devenue maîtresse et libre de ses actions, et ce fut alors qu'elle put former des projets, suivre ses goûts, jouir de son indépendance; bien qui, pour ne se montrer souvent aux femmes qu'au travers des voiles du deuil, n'en a pas moins son prix. Or, la jeune veuve, qui ne manquait d'ailleurs de prétentions ni à l'esprit ni aux belles manières, se trouvait trop à l'étroit dans sa petite ville, où son âme, disait-elle, n'était, ne pouvait être comprise; il lui tardait de se montrer sur un théâtre plus digne d'elle, de s'y entourer de littérateurs, d'artistes. S'associer à une

des célébrités de notre époque, lui eût paru le bonheur suprême; déjà elle s'était nourrie des œuvres de nos romanciers, et se piquait d'en déguster l'esprit avec cette habileté des connaisseurs qui jugent la qualité des liqueurs à leurs parfums. Elise ne doutait pas qu'elle ne devinât un homme de génie à la seule inspection; ce qui ne laissait pas que d'être un peu présomptueux, tant nos messieurs ont peu de l'air de leurs paroles. Notre jeune provinciale n'avait point laissé dans son pays natal ses préventions ni ses préciosités; elle les emportait dans la capitale, où elle allait chercher ce vernis que la grande ville garde à ses initiés, et qu'elle leur fait, dit-on, payer parfois un peu cher.

Partie d'Abbeville avec sa femme de chambre, madame de Verneuil, montée en diligence, ferma d'abord les yeux, car il n'y avait avec elle que de braves Picards bien laids, patoisant, mangeant, s'occupant de leurs affaires de la manière la moins poétique du monde; pendant ce temps, Elise s'élançait en imagination dans son bel avenir, et, comme un oiseau dont les ailes ont été longtemps froissées et ployées, elle se préparait à prendre son essor, que la pression conjugale avait jusque-là restreint beaucoup. Elle rêvait donc délicieusement, quand à moitié chemin la voiture s'arrêta :

— Adieu, mon cher, dit une voix; ne manque pas de te trouver dimanche aux Tuileries.

— Mon Dieu! je ferai tout pour cela, mais je suis si occupé! des corrections à faire, des épreuves à revoir; je ne sais où donner de la tête, et j'enverrais de bon cœur au diable imprimeur, libraires, et public par-dessus le marché..... Garde-moi un exemplaire du dernier chef-d'œuvre sorti de tes mains.

— C'est bien, viens le prendre....

— A après-demain donc, mon cher Balzac.

— Au revoir, mon ami, dit le second interlocuteur en montant en diligence.

Balzac !!! A ce nom la veuve avait rouvert les yeux ; elle avait entendu le colloque des deux amis, dont l'un avait repris la route des champs, et l'autre s'était placé dans la voiture en face d'elle ; deux syllabes réunies avaient produit sur Elise un effet magique, et elle n'eut pas assez de regard pour le jeune homme blond et pâle, à la taille élancée, au sourire mélancolique, que le hasard lui amenait comme par miracle. Balzac !! elle avait bien retenu ce nom ; c'était lui, l'auteur spirituel, le grand écrivain à qui elle devait le charme de ses jours et de ses nuits solitaires. Eh ! comment s'y méprendre, lors même qu'elle n'eût pas été éclairée par les discours les moins équivoques ? A qui pourrait appartenir ce front inspiré, cette finesse dans l'expression, si ce n'était à un de nos plus ravissants compositeurs ? Il ne disait rien, il ne faisait rien comme les autres ; et Elise de se dire : — Oh ! oui, il y a des chefs-d'œuvre dans la tête de cet homme-là !

Dès l'instant qu'elle eut fait cette découverte, Elise n'oublia rien pour faire de l'effet : elle ne dit plus un mot qu'elle ne soignât sa phrase, ne fit plus un geste qui ne fût heureusement calculé ; car passer pour une femme vulgaire aux regards de M. de Balzac, c'eût été une honte, un déshonneur ! S'étant donc mise en frais, lorsqu'elle eut attiré l'attention du voyageur célèbre, la veuve se sentit au cœur une joie extrême. Vraiment aimable malgré les peines qu'elle prenait pour le paraître, elle avait conquis ce jeune homme qu'elle ne voulait d'abord qu'admirer. Et le voyage n'était pas achevé qu'Elise n'était plus en peine d'un Cicérone pour le temps de son séjour à Paris ; toutefois elle se défendait de détourner ainsi à son profit de précieux moments :

— Je me reproche d'avance, disait-elle, ce temps que je vous volerai, et dont vos admirateurs pourraient me demander compte....

— Madame,... vous êtes trop bonne, et je ne sais....

— Et moi, monsieur de Balzac, je n'ignore pas que vous appartenez à la postérité....

A cette exclamation il s'opéra un changement dans les idées de l'homme qui avait cru, selon toute apparence, voyager incognito ; du moins l'expression vive et fugitive de sa physionomie put le laisser penser. Laissant de côté la réserve ou la modestie, il s'abandonna au charme des louanges, qui sont comme autant de caresses dans la bouche d'une jolie femme, et....

Chacun connaît les intimités de voyage et leur promptitude ; la plupart s'évanouissent en touchant terre : celle-ci eut plus de durée, et madame de Verneuil eut la gloire d'avoir captivé celui qu'elle nommait avec ivresse un de nos grands maîtres en littérature. Ce triomphe à son début pensa lui tourner la tête. Elise eut une passion ; mais, qu'on ne s'y trompe pas, ce fut l'écrivain, sa réputation, son génie, sa célébrité, M. de Balzac auteur enfin, qu'aima notre veuve, et non l'homme pour lui-même ; sa vanité était flattée, elle lui avait fait pousser un sentiment à l'épiderme. Ce fut une folie comme une autre.

Mais les félicités de ce monde sont capricieuses ! Un jour l'amant d'Elise porta au comble son ravissement, en lui faisant l'hommage d'un livre nouveau où figurait son nom en première ligne... Une dédicace à elle ! c'était à en mourir de joie ; et cette séduction ne fut pas sans danger pour la vertu déjà ébranlée de la veuve : il faut le dire, ce jour lui laissa de longs et brûlants souvenirs !

Alors elle voulut se montrer davantage, jouir publiquement de son bonheur, et renoncer à cette vie retirée dans laquelle l'amour semblait la retenir. Le goût des riches parures lui vint avec l'idée ou plutôt avec le rêve d'une éternelle constance, aucun moyen n'était négligé par elle pour plaire à celui que le monde lui enviait sans doute; et, malgré la répugnance manifeste de son adorateur passionné, elle parvint à l'entraîner au Palais-Royal, où elle devait faire l'acquisition d'une parure de diamants de quelque valeur.

C'était un soir. Un homme brun et court, à la mine épanouie, au regard de feu, examinait dans un coin de la boutique du joaillier un camée antique, sans s'occuper des arrivants, qui conclurent leur marché; seulement l'étranger leva la tête en étouffant un sourire lorsqu'il entendit ces mots prononcés par la dame qui s'adressait au vendeur : — Vous pouvez porter cet écrin à mon hôtel, où je serai au plus tard dans une heure..... Et d'ailleurs, tenez, voilà notre grand prosateur, M. de Balzac, qui voudra bien prendre la peine de vous accompagner; son nom européen me servirait de caution s'il en était besoin; et si je n'étais pas de retour, vous lui laisseriez les diamants.... Mais je ne vous demande à tous deux que le temps de finir quelques emplettes. — Et la veuve s'enfuit, exprimant du geste à son compagnon le désir qu'elle avait de trouver la parure sur sa toilette en rentrant.

Tout alla comme elle le souhaitait; cependant Elise tardait à revenir, et le marchand, avec une confiance motivée sur ce qu'il avait entendu, revint chez lui sans argent, mais aussi sans inquiétude. il racontait l'issue de sa démarche en se remettant à son comptoir, quand tout à coup l'observateur de camées se retourne et dit :

—Très-bien; mais, je vous en avertis, ce monsieur-là n'est pas Balzac l'auteur, la malheureuse machine qui fait de l'esprit à tant la page : c'est mieux ou pis.

—Comment! reprend le marchand avec l'accent du plus grand effroi, je suis volé!.. ce sont des escrocs, des misérables.... Eh! monsieur, que ne disiez-vous ceci plus tôt?

—Moi! je n'ai pas voulu disputer à mon homonyme un triste avantage, qui pour lui peut-être avait quelque prix.

—C'est donc vous qui êtes le véritable Balzac?

—Vous n'avez pas de raisons pour me croire plus que lui....

—Mais c'est une horreur.... je vais chez le commissaire de ce pas....

—Ce ne sont pas mes affaires, mon cher monsieur; ce que je sais, c'est que quand je voudrai votre camée, je vous le payerai comptant.... Adieu !

Plainte fut faite : il y eut assignation, comparution, explication, et par-dessus tout évidence pour la pauvre Elise que le voyageur sentimental auquel elle avait prodigué plus que ses admirations, était simplement un prote d'imprimerie, corrigeant des chefs-d'œuvre, il est vrai, mais, n'en composant pas, si ce n'est les quelques lignes qu'il avait jugé à propos d'adjoindre à un volume du véritable Balzac; bon enfant du reste, qui avait eu assez d'esprit pour profiter d'un enthousiasme de jeune femme, parce qu'elle était jolie et qu'elle avait la bonté de lui croire du talent.

Pour Elise, confuse et désabusée, elle ne trouva rien de mieux que de retourner dans sa Picardie, où elle est encore, guérie de son amour, mais de sa vanité non : il est des gens qui ne se corrigent jamais.

Adèle Daminois.

LE VIOLON

BOUCHER.

Cet artiste eut son époque de célébrité. Il y a quelques années, on citait le nom et le talent de Boucher comme on cite actuellement les Paganini, les Beriot, les Ernst.... L⁵ Boucher, violon vraiment original, possédait à un degré supérieur le génie de l'improvisation, et si d'abord on put avec raison lui reprocher le dévergondage qu'il mêlait parfois à son jeu, sur les derniers temps, il était parvenu à maîtriser cette fougue impétueuse et à modérer cette chaleur excessive qui l'avaient entraîné souvent hors des bornes qu'il est défendu au génie même de franchir.

Sa ressemblance avec Bonaparte, l'affectation qu'il semblait mettre à singer les manières de ce grand homme, lui avaient fait éprouver quelques persécutions de la part de la restauration, et sur la fin de 1814 il se mit à voyager. Il lui arriva à cette époque une aventure qui mérite d'être connue dans les annales du violon.

Boucher se rendant à Londres, a la douleur de voir ses violons saisis à la douane de Douvres. En vain il proteste, il dit que ce ne sont pas des objets de commerce, mais des instruments à son usage, et que s'il a le désir de gagner de l'argent avec ses violons, ce n'est pas du moins en les vendant. Les commis fiscaux sont sourds, les violons paieront les droits. Pour fixer ces droits il faut estimer les objets : on dit à Boucher d'évaluer lui-même ses violons ; il tombe dans le piége qu'on lui tendait, et ne les porte qu'à un prix très-modique. Alors, en vertu des règlements de la douane, inconnus au musicien voyageur, on lui offre 15 pour cent en sus de son évaluation, et l'on garde les instruments. Voilà notre artiste désolé ; il se plaint, supplie, tempête ensuite, et finit par menacer ; les douaniers sont insensibles ! Il n'y a plus qu'une ressource, c'est d'aller à Londres réclamer l'intervention de l'ambassadeur français ; mais il faut se séparer de ses chers violons, instruments de sa fortune et de sa gloire. Il veut du moins les voir encore et leur dire un dernier adieu : il prend tristement son précieux *amati*,

il y promène lentement l'archet, et le violon rend un son douloureux comme le sentiment du maître. Cependant on l'écoute ; les commis forment autour de lui un groupe que grossit bientôt un grand nombre de curieux ; aussi le bureau ne peut-il plus contenir cet auditoire improvisé : on prie le virtuose de passer sous un vaste vestibule, il cède avec une complaisance que soutenait un reste d'espoir. Monté sur la marche d'un escalier, il exécute tantôt de mémoire, tantôt en improvisant, plusieurs fragments qui enchantent les oreilles fiscales.

Animé par ce premier succès, Boucher se surpasse, et l'enthousiasme des auditeurs est à son comble quand ils entendent le *God save the king* exécuté avec les plus brillantes variations que l'écho sonore des voûtes prolongeait. De quel prix payer tant de talent et tant de complaisance ? On oublie tout alors, jusqu'aux règlements de la douane : « Monsieur, dit au virtuose français le chef du bureau, reprenez vos violons, et glorifiez-vous d'un triomphe plus beau que celui d'Orphée : il n'attendrit que des démons, et vous avez fléchi des douaniers anglais. »

Boucher parlait encore il y a quelques années de cette aventure, comme le vieux soldat parle de ses campagnes. Il ajoutait même qu'il avait cru apercevoir une larme s'échapper de l'œil d'un des douaniers. Certes si le fou d'antiquaire qui prétendait faire voir une larme de la tendre Niobé conservée dans l'esprit de vin, eût été présent à ce prodige, comme il aurait recueilli avec soin celle du douanier ! Il aurait pu du moins témoigner de la sensibilité de l'un et du miracle opéré par le talent de l'autre.

H. WATIN.

IMPRIMERIE ET FONDERIE DE FAIN, RUE RACINE, 4.

N. 5. — NEO-FERRAS inventés par CHARPANTIER et PAUL.

Il appartenait à un des cent-un coiffeurs de perfectionner nos instruments de travail, et de les rendre avantageux pour tous ; coiffeurs et bourgeois seront charmés de cette découverte ; et pour donner une idée de ces outils, nous dirons simplement comment on s'en sert.

Neo-Ferra d'homme.

On a deux chevilles pour un fer : lesdites chevilles seulement vont au feu, aussi le fer conserve-t-il toujours le poli. Les chevilles étant bien chaudes, on en prend une et on l'introduit dans le cylindre, qui est en cuivre creux ; puis on visse le bouton de fermeture. La cheville communique à l'instant sa chaleur au tube, et alors on peut friser tout aussi bien qu'avec un bon fer ordinaire, et pendant beaucoup plus longtemps ; car, enfermée hermétiquement, la chaleur ne peut s'affaiblir qu'au bout de douze ou quinze minutes.

Avec une seule chaude on pourra donc friser tout une tête, et vu le poli qui ne se perd jamais, il n'arrivera jamais de faire mal ni de défaire sa frisure en retirant le *néo-ferra* des rouleaux de cheveux.

Neo-Ferra pour dame.

Le plus grave inconvénient des fers à papillotes, c'est de brûler le front lorsqu'on les laisse, soit par distraction, soit par maladresse, poser sur cette partie. Les femmes surtout sont fort peu adroites dans l'exercice de cet instrument ; aussi ont-elles recours à du papier, au démêloir, à des couvertures de livres même, pour se garantir, lorsque c'est une soubrette qui passe ses papillotes, du contact de ce redoutable outil, qu'on se figure trouver le front d'une dame, qu'on est appelé à coiffer, marqué de l'empreinte d'une fer ; mais c'est affreux ! mais c'est à jeter tous nos vieux fers dans la vieille ferraille !!!

Voici comment on se sert de celui A. On met deux palets en fer, grands comme des gros sous, dans le feu ; lorsqu'ils sont chauds on les introduit, à l'aide d'une pincette, dans les boîtes du *néo-ferra*, cela se fait ainsi qu'il suit :

Chaque mâchoire du *néo-ferra* ayant une garniture en bois montée sur pivot, d'un coup de pouce on découvre la boîte, et on y met un palet chaud, on ferme la pièce et l'on se sert du fer.

Cet instrument ayant de chaque côté une garniture en bois de l'épaisseur de quatre lignes, on peut, si cela semble plus commode, l'appuyer sur la tête en passant les papillotes au fer ; celui-ci s'adresse aux dames principalement. Celui B sera peut-être plus dans le goût de MM. les coiffeurs. Garni de mâchoires qui s'adaptent à l'aide de coulisses, il va au feu, et ce n'est qu'au moment de passer les papillotes qu'on adapte la garniture, chose qui se fait en introduisant simplement la partie mobile dans le coulisseau.

N. 6. — Modèle d'un POSTICHE à la Sévigné.

Ce postiche, qui compte environ quatre pouces de diamètre dans la partie circulaire et trois pour chaque pied, se fait en ruban n° demi. Du tulle à petite maille remplit le vide, et une cannetille plate posée sur tout le ruban donne de la consistance, à la pièce qu'on garnit de tresse à l'N. Les rangs sont distribués ainsi que l'indiquent de petits traits.

J'observerai que dans ce postiche tout est chamarrage, qu'un rang d'entourage produirait mauvais effet, et qu'il faut, par des tournants bien arrondis, que les côtés soient parfaitement couverts.... Un bon coup de fer plat sur les corps de tresse, un coup de ciseau donné avec ménagement pour élaguer un peu les boucles, voilà ce qui donne le fini à cette pièce, qu'on ne saurait trop bien traiter, puisqu'elle est destinée à remplacer ces belles masses de frisures flottantes qui, en 1670, faisaient l'admiration de l'univers.

MOYENS PROPRES A COLORER LES CHEVEUX

OU A LES TEINDRE.

(1er ARTICLE.)

En examinant l'action des acides sur les cheveux, nous avons vu que le chlore les blanchissait, et que l'acide nitrique, étendu d'eau et aidé d'une douce chaleur, les jaunissait. Ces moyens ne doivent pas être employés, parce qu'ils altèrent les cheveux à tel point qu'ils n'ont presque plus de force; ils sont, pour ainsi dire, brûlés. Il est facile de donner aux cheveux blancs, séparés de la tête, les couleurs que l'on désire, mais ce n'est point sous ce point de vue que nous devons considérer cet objet, puisque nous n'avons à nous occuper que des moyens propres à les teindre sur la tête de l'homme.

Dès la plus haute antiquité, la plupart des peuples nous ont offert des exemples d'hommes qui, pour embellir leur tête, ou pour cacher les ravages du temps, se teignaient les cheveux. Nous citerons quelques-uns des moyens qui nous ont été transmis : plusieurs anecdotes attestent le soin qu'ils prenaient pour les teindre soigneusement; en effet, l'histoire nous apprend que Philippe, roi de Macédoine, ayant un jour surpris Antipater se faisant teindre la barbe et les cheveux, le destitua de tous ses emplois, en disant qu'un homme qui n'était pas franc dans la couleur de ses cheveux, ne pouvait pas l'être dans les affaires. Alexandre le Grand partageait l'opinion de son père à ce sujet; on sait qu'il conseilla à un vieillard qui se faisait teindre les cheveux de se faire étayer les genoux. Personne n'ignore la jolie réponse que fit Laïs à un vieillard nommé Myron, qui la sollicitait de lui accorder ses faveurs. Se voyant refusé, Myron crut que c'étaient ses cheveux blancs qui lui avaient attiré ce refus, il se les fit teindre aussitôt en noir, et vola chez la courtisane. « Insensé, lui dit-elle, pourquoi me sollicitez-vous de nouveau? Ce que vous me demandez, je l'ai déjà refusé à votre père. »

On trouve dans l'*Antologie* plusieurs épigrammes sur cette coutume de faire teindre les cheveux : une, entre autres, contre un vieillard, nommé *Nicias*, qui était devenu *chauve comme un œuf*, à force de se faire teindre les cheveux.

Chez les Romains, on avait également adopté l'usage de teindre les cheveux blancs, et non-seulement leurs perruquiers connaissaient l'art de les teindre en noir, mais ils leur donnaient encore d'autres nuances. Ils excellaient surtout à rendre les têtes blondes, et le savon de Hesse, si cher aux Allemands, ne leur était point inconnu. Ce qu'il y a de particulier, c'est que les Romains, se rasant la barbe, ne pouvaient point par conséquent la teindre; aussi voyait-on souvent des têtes noires et des mentons blancs. Le caustique Martial n'a pas manqué de leur décocher plusieurs épigrammes, entre autres celle-ci :

Cana est barba tibi : nigra est coma : tingere barbam
Non potes, hæc causa est : sed potes, ole, comam.

Les Cent-un Coiffeurs.

SOMMAIRE

1 Coupe de Cheveux d'Été par M. Bouchereau 2 Coupe moderne par M. Daveler 3 Coiffure par M. Marceau

1 Paletot en mérinos double en soie Pantalon ½ guêtre en coutil piqué Gilet Valasias
2 Costume habillé pour promenade habit bronze musc, Pantalon en peau de taupe.
3 Costume de cheval Redingotte anglaise, vert de cœur, Pantalon en coutil couleuvrine.

DESCRIPTION DES COIFFURES.

(20ᵉ Livraison.)

PLANCHE D'HOMMES.

N. I. — Coupe de cheveux par **BOUCHEREAU**, place de la Bourse

La coupe des cheveux mérite enfin que des artistes exercés consacrent leurs talents et se livrent même tout entiers à cette branche de la coiffure. Depuis que feu Michalon, mon maître, armé de gros fers cylindriques, anéantit à jamais les petites frisures du bon vieux temps et abolit la coutume de l'effilage au rasoir et aux petits ciseaux, pour n'opérer qu'à l'aide de cisailles de neuf pouces, les têtes d'hommes gagnèrent certainement en grâce et en dignité.... Qu'étaient la coiffure classique de la Titus, la Bergami, la mal-content, et toutes ces modes éphémères qui se sont succédé depuis trente années, comparativement à ce que nous appelons la Romantique, la France du jour ! Oh ! rien ne peut être comparé à ces beaux rouleaux de cheveux, si bien appréciée de la fashion !.. boucles soyeuses, qui nous rappelez avec orgueil la renommée que s'acquirent les modes françaises sous un prince élégant et fameux (Louis XIV). Vous composerez longtemps la coiffure des jeunes hommes. Allez, flottez, flottez au vent, cheveux bouclés à l'aide de notre art ! livrez au zéphyr des luttes continuelles ! Personne aujourd'hui ne redoute le désordre dans la chevelure, surtout si le dérangement des frisures est, comme le disait un écrivain satirique, et comme nous le conseillons à tous les coiffeurs de l'univers, *un désordre gracieux et aimable* qui dissimule l'art....

Deux mots sur ma coiffure. Ceci est une coiffure d'été ; c'est pourquoi les cheveux sont assez courts vers la fossette. Pour obtenir cet effet, il faut que la chevelure, rabattue autour de la tête, et coupée seulement par en bas à l'aide de longs ciseaux, décrive exactement une ligne horizontale, même après le coup de fer ; et, afin que la coiffure ne soit pas lourde d'effet et que les cheveux frisent bien, on doit, après s'être assuré que la chevelure ne descend pas plus bas que la ligne de la bouche, degré que généralement donne la hauteur du col de l'habit, attaquer les cheveux et les effiler un peu par les pointes, soit par un coup de ciseau biaisé, soit par le moyen de coups de pointes donnés çà et là.

Pour mettre les cheveux en frisure, il faut se servir, pour les plus longs, d'un fer de 20 lignes de circonférence. Pour les courts, on en prend toujours un moindre ; et pour procéder avec ordre, on attaque d'abord les longues mèches avec le gros fer, ayant soin de les rouler dans le sens où l'on veut diriger les boucles. Le sommet de la tête doit rester plat; les pointes des cheveux de cette partie sont cependant mises en frisure jusqu'à 20 ou 24 lignes de longueur. Par derrière, les cheveux sont roulés en dessous. Si l'on veut que la frisure soit durable, il faut presser la mèche assez fortement, pendant vingt secondes, sans retirer le fer : toutefois, si les cheveux ont de la qualité, mais s'ils sont fins et plats, on les tiendra en chaude vingt-cinq secondes ; et s'ils sont durs, trente secondes au moins. Tous les cheveux étant bouclés, il reste encore à donner le fion à la coiffure. Pour cela, on étend du philocôme dans ses mains ; on introduit les doigts dans la chevelure, et l'on secoue les boucles pour les confondre ensemble et détruire l'apprêt du fer ; un coup de peigne à dents serrées unit la partie qui approche la raie de chair ; puis on arrange les boucles du devant, ayant soin de conserver celles que le hasard a pu former. Le derrière de la tête ne doit point offrir de masses détachées, mais bien des ondulations se recourbant en dessous et descendant au niveau des touffes qui ornent les temporaux.

N. 2. — Coupe nouvelle, par M. **DELVALER**.

Depuis que nos messieurs ont pris l'habitude d'enfoncer leurs chapeaux jusqu'aux oreilles et de les descendre par derrière jusqu'au bas de la fossette du cou, j'ai jugé à propos de changer la coupe, afin de suivre le mouvement indiqué par le couvre-chef. J'ai donc taillé mes cheveux *en masse* autour de la tête, un peu moins longs sur les tempes que sur les oreilles, afin de dégager le visage et de bien garnir le dessous du chapeau. Ces masses de boucles qui s'étagent et forment le fer-à-cheval sont d'une élégance parfaite, surtout si l'homme a le cou un peu long et si l'œuf de sa tête est d'une conformation qui ne laisse rien à désirer.

Voici comment je procède à ma coupe. Je tire d'abord ma ligne de chair ; je peigne mes cheveux dans le sens où je dois les diriger au moment de former ma coiffure ; puis, d'un coup de peigne, je sépare la touffe du derrière par une ligne tirée à partir de l'extrémité de la raie au bas de l'oreille. Cela fait, je taille mon derrière de tête, que j'étage et que j'effile un peu pour que cela frise bien. Lorsque cette partie est faite, je la confonds d'un coup de peigne avec la touffe, afin de mettre le tout d'ensemble, ayant soin, ainsi que je l'ai dit, d'arrondir les touffes en avançant, pour que les cheveux s'étagent graduellement, à partir du coin de l'œil jusque derrière la tête. L'autre côté se fait en harmonie avec celui-ci.

Pour former la coiffure, je roule mes cheveux en papillotes, et je les passe au fer bien chaud et serré, épargnant toujours les parties unies, pour ne pas leur donner de faux plis ; ensuite je défais mes papillotes, que je frise avec mes doigts enduits d'un corps gras parfumé. Cela fait, je lisse mes parties unies avec le côté fin de mon peigne ; puis je passe les grosses dents dans les boucles pour former des masses brisées qui forment la chaîne autour du chapeau. Souvent je pose le chapeau à ma pratique, et après j'arrange mes boucles.

N. 3. — Coiffure par M. **MARCEAU**, élève de M. **FOUCHÉ**, premier coupeur chez **CROISAT**.

MM. les coiffeurs de femmes, si fiers de leurs échafaudages de tresses, de coques, de plumes et de bijoux, seront bien étonnés lorsque je leur dirai qu'à bien coiffer un homme il y a au moins autant de mérite qu'à faire une coiffure de bal ; oui, une coiffure de bal, et de bal de cour même. Un homme entre dans un salon de coiffure, il s'assied. Que doit faire le coiffeur ? Il doit étudier sa tête ; examiner, durant le coup de grosse, quelle direction on devra donner aux cheveux, afin de ne pas détruire par un mauvais contraste ce qu'il peut y avoir de beau dans sa tête, ou bien afin de pouvoir corriger certains défauts à l'aide de la chevelure, qui doit se plier à toutes les exigences de l'art, aussi bien qu'aux caprices de la mode et du coiffeur.

Ayant bien étudié son terrain, on attaque ses mèches à distance de 20 pouces du fauteuil, afin de ne pas étouffer le client, ainsi que le font les coiffeurs mal appris. A l'égard de la frisure et du coiffage, je ne dirai que deux mots. Si l'on met les cheveux en papillotes, il faut que les pointes soient bien prises, sans être roulées trop petitement ; si l'on frise au fer, il est bon de ne pas contrarier les plis des mèches qui frisent naturellement, d'autant plus qu'avec de l'adresse on peut obtenir, n'importe avec quelle frisure, l'effet du coiffage demandé.

LES
TRIBULATIONS
DE S. BADOULARD.

—

M. Scipion Badoulard avait été pendant longtemps le respectable chef d'une maison de commerce de bonneterie du faubourg Saint-Denis, connue sous la raison Badoulard et comp. La réputation de cet établissement, ayant pour enseigne à *la Frileuse*, était répandue depuis le Jardin des Épiciers jusqu'au passage du Caire inclusivement. C'était dans cette maison que, de mémoire d'homme, les Badoulard avaient été établis; c'était là que Scipion Badoulard, notre héros, avait ouvert pour la première fois les yeux à la lumière, dans une arrière-boutique où le jour ne pénétrait jamais, et était remplacé par une lampe inamovible. Suivant les bonnes traditions des marchands d'autrefois, il avait formé la sage résolution de ne quitter ce séjour illustré par ses aïeux, que lorsqu'il aurait acquis une fortune suffisante et solide qui lui permît de dire un éternel adieu au commerce des bas et des tricots. Par le mot de fortune solide, Scipion Badoulard n'entendait pas des capitaux placés dans les omnibus-restaurants, des actions dans quelque entreprise phénoménale de librairie pittoresque, et qu'on ne saurait raisonnablement appeler solide; mais un capital réel qui lui produirait une rente bien assise en inscriptions sur le grand-livre. L'idée que Scipion Badoulard se formait d'une aisance honnête, ne s'étendait pas au delà de six bonnes mille livres claires et nettes par année. Jusqu'à ce qu'il eût amassé le dernier écu qui devait parfaire cette somme, aucune des instances de sa femme ou des calineries de sa fille, ni le désir dont il brûlait lui-même de quitter la capitale, ne purent le décider à quitter son établissement, comme il se plaisait à l'appeler avec emphase; mais le mérite d'avoir tenu sa résolution paraîtra plus grand encore, si l'on sait que le vœu le plus ardent de Scipion Badoulard, depuis son enfance, avait été de vivre un jour de la vie des champs.

Sur la fenêtre d'une des mansardes qui dominaient la maison voisine, le jeune Scipion avait souvent admiré une caisse de bois de sapin remplie de fleurs, que cultivait avec amour une jeune ouvrière; des deux extrémités de cette caisse s'élevaient les fils verdoyants de plantes qui dérobaient les contours de la fenêtre sous leurs clochettes roses et azurées. Cette contemplation de chaque instant lui inspira des idées toutes bucoliques et toutes pastorales. Dans une promenade qu'il fit au Jardin des Plantes, il recueillit avec soin deux marrons que, rentré à la maison, il s'empressa de planter dans une caisse qui avait contenu des rouleaux d'eau de Cologne, et qu'il remplit de terre végétale. Chaque jour, assis pendant des heures entières devant sa fenêtre, après le tracas des affaires, il regardait pousser ses marronniers, prêtant l'oreille au bruit du vent; heureux quand il sentait un léger zéphyr se frayant un passage au travers des innombrables cheminées d'alentour, venir caresser ses deux arbres et doucement incliner leur tige. Chaque matin les habitants de la rue du Faubourg-Saint-Denis pouvaient le voir, aussi vigilant que le jour, venir arroser sur sa fenêtre ses deux marronniers que, dans son béotisme, il croyait devoir en peu de temps s'élever à une hauteur considérable. Mais le sort, ou plutôt le vent, en avait décidé autrement. Un matin, la chute de la caisse fut cause que Scipion Badoulard reçut de son commissaire une réprimande sévère, en même temps qu'il fut condamné à payer une amende assez forte.

Cet accident le détourna de planter désormais des allées de marronniers sur sa fenêtre, mais ne put éteindre en lui le désir d'aller finir ses jours à la campagne, au milieu des bois et de la verdure.

Son intention, en abandonnant le faubourg Saint-Denis, n'était point de devenir un ours ou un ermite, en un mot, de vivre chez lui comme une huître sur son rocher. L'expérience lui avait appris qu'on ne se dépouille pas des vieilles habitudes aussi facilement que d'un vieil habit. Il voulait donc être à une distance de Paris telle qu'il pût, lorsqu'il le désirerait, venir savoir ce qui se passait chez son successeur, ou faire une visite aux habitués de son café. Ce fut un de ces jours néfastes, que les anciens marquaient avec une pierre noire, que celui où quelque mauvais génie sans doute, vint offrir à ses yeux une affiche ainsi conçue : « Maison à vendre dans une situation charmante, à une distance commode de Paris, et possédant le rare avantage d'être sur la route des voitures qui passent quatre fois par jour, et au bord de la rivière près de la descente du bateau à vapeur. » Il se laissa prendre au piége.

Un homme qui a été maréchal de France et grand général, M. de Belle-Isle, employait tous les matins un quart d'heure à se dire : « Je veux être maréchal de France et grand général. » — Cette volonté ferme, apanage des grandes ames, avait couronné les efforts de Scipion Badoulard, parce qu'il avait employé précisément tous les moyens les plus propres à parvenir à son but Les six mille livres de rente étaient complètes, et M. Scipion Badoulard vint habiter Villeneuve-Saint-Georges.

Il avait toujours en humeur ce qu'on appelle les visites, c'est-à-dire ces importuns qui, ne sachant point s'occuper chez eux, viennent vous ennuyer à domicile, et que Bacon nommait avec raison les voleurs de temps. De pareilles gens gênaient ses habitudes; à la campagne, il serait à l'abri de ces invasions; il serait protégé contre elles par la distance, comme les Lapons contre les descentes des Bédouins de l'Atlas.

Une fois par an, au jour de la fête de madame Badoulard, qui heureusement tombait au mois de juillet, sai-son de l'abondance des fruits, il donnerait un déjeuner en plein air sur la pelouse de sa maison à ses intimes et à toutes ses connaissances; cela aurait quelque chose de plus élégant, de plus pittoresque qu'un dîner; cela donnerait moins d'embarras, et serait moins coûteux. L'idée de ce déjeuner cachait en outre une intention diplomatique digne de Scipion Badoulard, et que lui seul aurait pu trouver. Cette invitation annuelle lui servirait à rendre tous les dîners qu'il aurait pu accepter de ses amis de Paris.

Cependant de tous ces projets, si péniblement élaborés, bien peu devaient s'exécuter.

Le 7 du mois d'août, les Badoulard entrèrent en possession de leur maison ornée de fleurs que Scipion avait apportées de Paris, selon l'usage des Parisiens, qui reportent ainsi l'eau à la rivière, ou, pour parler plus poétiquement, qui font ainsi remonter le fleuve vers sa source; et décorée d'un mobilier borgne, boiteux, manchot, estropié de tous points, que la propreté frotteuse de madame Badoulard se proposait de régénérer.

Le 8 était un vendredi. Comme la pendule venait de sonner cinq heures et que la famille se mettait à table, la voiture de Brunoi s'arrêta devant la grille, et la domestique annonça M. et madame Aristide Badoulard et leur fils Cassiodore. Scipion fut renversé; il resta quelques instants sans pouvoir proférer une parole, la bouche béante comme une boîte aux lettres. Un grand homme sec comme une guitare, poudré à frimas, monté sur deux jambes fines comme celles d'un cerf auxquelles des bas chinés servaient de fourreau, ayant des boucles aux souliers et aux oreilles, entra dans la salle à manger, donnant le bras à une vieille coquette au nez recourbé comme une lame turque, laquelle traînait à la remorque un enfant de dix à douze ans, habillé en artilleur de la garde nationale.

« Parbleu, mon cousin, s'écria Aristide, vous êtes à une distance bien agréable ! le temps était superbe, nous n'avions pas d'occupation, à trois heures l'idée a pris à Adèle et à moi de venir vous rendre visite. — Quelle belle volaille vous avez dans ce pays-ci ; ce poulet est d'une blancheur ! — C'est charmant ; nous voilà arrivés à temps pour dîner avec vous. »

Il n'y avait pas d'autre moyen que de faire, comme on dit, contre fortune bon cœur, Scipion résolut cependant de prendre la seule revanche qui fût en son pouvoir ; sachant que les autres aimaient le bon vin et de plus étaient de l'espèce des dévorants, il leur donna du vin à faire danser les chèvres, et leur servit des portions de chaque plat telles que le ferait une sœur d'hôpital pour ôter tout prétexte aux indigestions. — Adèle, vois donc comme cette proximité est agréable ; mais c'est inappréciable : on a le temps de dîner tranquillement et de prendre une tasse de..... Mais où est Cassiodore ?..... Ah ! je le vois parmi les fraisiers. (Scipion éprouva une horrible trépidation de la tête aux pieds.) — Je ne puis pas vous laisser le petit espiègle aujourd'hui, mais il vous en dédommagera en venant passer les vacances avec vous. — C'est une distance bien agréable, comme je le disais tout à l'heure ; on a le temps de prendre à son aise le café ; à huit heures et demie on monte dans la voiture, et à dix heures on est rentré chez soi. Et tout en devisant ainsi, notre homme mangeait des bouchées de pain avec lesquelles on eût pu charger une pièce de quatre.

Huit heures et demie sonnèrent : les voitures partirent à la grande satisfaction de Scipion. — Cela ne peut pas aller ainsi, pensa-t-il. Il se coucha mécontent et ne put fermer l'œil de la nuit.

Le lendemain il eut la précaution, en se levant, d'intimer l'ordre à sa domestique de ne recevoir personne. La précaution était inutile, personne ne se présenta, et le front de Scipion commençait à se dégager des nuages qui l'obscurcissaient depuis le départ des hôtes importuns de la veille, lorsqu'à huit heures du soir, à l'heure où les Badoulard allaient sonner la cloche du couvre-feu, clack, clack, clack, comme dit Sterne, on vit s'arrêter devant la porte une voiture, véritable arche antédiluvienne, où des bêtes de toute espèce étaient entassées pêle-mêle. Il s'en élança un petit homme aux gros yeux de grenouille, porteur d'un ventre montagneux.

« Hé ! bonjour, mon ami Scipion, lui dit-il en lui donnant sur l'épaule une tape à tuer un rhinocéros. — Madame Badoulard, je suis bien le vôtre. Mademoiselle Palmyre, j'ai l'honneur de vous présenter mes hommages. Toujours jolie, et de plus fraîche en plus fraîche. Eh ! je crois qu'elle est encore grandie. » Mademoiselle Palmyre, intimidée, baissa les yeux comme une religieuse qui voit des statues. « Délicieuse habitation ! et la distance. La voiture vous arrête devant la porte ; on ne se mouille pas les pieds. Oh, oh ! qu'est-ce ? — Cela ne peut pas me convenir. — Scipion, mon ami, il faut m'enchaîner ce chien-là pendant la nuit ; je n'ai jamais pu dormir dans une maison où il y a un chien qui aboie. — Dormir ! s'écria Scipion ; mais vous ne comptez pas coucher ici, je pense ? — Je ne compte pas non plus rester debout toute la nuit, je vous prie de le croire. Vous connaissez ma manière de procéder ; le premier arrivé est le premier servi ; tandis que, comme dit, je crois, Virgile : *Tardè venientibus ossa.* C'est demain dimanche, la maison sera au pillage, vous ne saurez auquel entendre, et votre serviteur eût été laissé de côté. Mais ne vous gênez pas ; je m'accommode de tout ; un coin dans un grenier, n'importe quoi, pourvu qu'il y ait un bon lit et force oreillers. Je me repose sur vous de ce soin, ma bonne madame Badoulard ; mais comme j'ai le cou épais et court, mon médecin me recommande de dormir la tête haute. Faute de cette précaution, je pourrais bien..... vous m'entendez.....

et ce serait une triste manière de pendre la crémaillère ; n'est-il pas vrai, Scipion ? — Je présume que vous avez dîné ; mais je suis au fait de vos habitudes ; je sais que vous êtes de la vieille roche, que vous avez conservé ces vieilles traditions de nos pères qui ont survécu à toutes les révolutions, vous soupez, et j'ai pris mes précautions. En conséquence, j'ai dîné à trois heures rue des Blancs-Manteaux. Je vais me mettre à mon aise et je redescends près de vous.

Le jour suivant, ainsi que l'avait judicieusement pronostiqué M. Rondonneau, était un dimanche, jour particulièrement consacré au repos. Il faisait une chaleur des tropiques.

La voiture de dix heures amena M. et madame Hurel, l'un respectable épicier, l'autre femme d'une grosseur hippopotamique, au visage accidenté de verrues, dignes tous deux de figurer dans un salon des grotesques. Ils s'excusèrent de n'être pas arrivés plus tôt, la distance étant aussi courte et le temps aussi beau. A une heure, au moment de la descente du bateau à vapeur, on vit arriver M. Desgras, ancien corroyeur, débitant de cuirs dans toute l'acception du mot, et son fils, élève de l'Ecole de Commerce, fashionable à la barbe rousse à la Saint-Maigrin, aux cheveux en saule pleureur, véritable Antinoüs du boulevart du Pont-aux-Choux.

Le sang de Scipion Badoulard devenait bile dans ses veines ; à la contraction jupitérienne de ses sourcils, on pouvait voir quel volcan de contrariétés et de tribulations bouillonnait dans son âme. — Mais c'est la fin du monde, se disait-il, je mettrai le feu à la maison.

La diligence de Melun, en passant, amena M. Cordonneret, honnête mercier de la rue aux Ours, que Scipion honorait d'une estime toute particulière et qu'il aurait peut-être eu du plaisir à voir en toute autre occasion. Cependant il essaya de dissimuler sa mauvaise humeur en le recevant ; mais

dans son air de gaîté, de cordialité, tout sonnait creux.

Ces deux ou trois journées peuvent vous donner une idée de toutes celles qui suivirent. Ce fut une vraie revue de tortures, une véritable succession de supplices. Scipion vit ses projets de repos, de bonheur détruits. Il n'était jamais seul, excepté lorsqu'il aurait donné tout au monde pour avoir de la société, c'est-à-dire lorsqu'il pleuvait.

Sa santé et sa fortune peut-être n'eussent pu résister à un genre de vie semblable. Scipion songea à s'éloigner de quelques lieues ; cependant il hésitait encore. Un matin à déjeûner, tandis qu'il lisait le *Constitutionnel*, madame Badoulard et Palmyre furent effrayées en lui entendant pousser un cri semblable à celui d'une oie étranglée par une main mal habile. Elles accoururent à son secours. Le papier était tombé de ses mains, sa bouche était entr'ouverte, et un morceau de pain, arrêté au passage, était sur le point de l'étouffer. Les soins empressés de sa femme et de sa fille eurent bientôt fait disparaître tout danger ; mais il ne proféra pas une parole, il se contenta de leur montrer du doigt le paragraphe qui avait tellement bouleversé ses sens. Il contenait ces mots :

« Les habitants de Villeneuve-Saint-Georges apprendront avec plaisir qu'à l'avenir quatre omnibus, à quinze places, y compris le strapontin, feront un service non interrompu de Paris à ce charmant village. Il existe des correspondances à la Bastille avec tous les quartiers de Paris. »

On est porté à croire que M. Scipion Badoulard et sa famille sont allés se fixer dans quelque province éloignée, car depuis ce moment on ne les a plus vus dans ce pays.

C* D**.

Les Cent-un Coiffeurs.

On s'abonne a la Direction. Rue Croix-des-petits Champs. 2.
vis-à-vis celle du Coq.

Costume de Mariée

1 Coiffure composée par Me Séguin, membre de l'Académie de Coiffure, rue Caumartin.
Fleurs montées par Mmes Legrand fleuriste, rue Vivienne N.º 5. Robes de Mme Oudot.
2 Par Croisat fondateur de l'académie de Coiffure.

PLANCHE DE MARIÉES.

N. 1. — Coiffure de **SEGUIN.**

Des touffes dites *anglaises crépées,* deux rouleaux faits sur un peigne *diaphane,* une couronne de fleurs portant le chapeau de fleur d'orange, un voile de tulle illusion, d'une aune, carré, et une broche de diamant, voilà ce qui compose cette coiffure, que la pose du voile me fait appeler coiffure *à l'Iphigénie.* Pour l'exécuter sur nature, voici comment on s'y prend :

On met d'abord les papillotes assez écartées sur le front, pour rejeter les frisures sur les tempes ; puis on noue les longs cheveux à la hauteur des sourcils ; un peigne à deux rouleaux est posé ; des mèches de cheveux recouvrent la toile métallique, et de la bandoline, employée avec une éponge ou une brosse à dents, vient lustrer ces deux masses et fixer les petits cheveux. Cela fait, on frise les touffes, lesquelles, crépées dans le fond, projettent des boucles en arrière et en avant, de manière à ce que la touffe soit arrondie en tous sens. Après cela, on pose la couronne de fleurs un peu sur la gauche de la tête, et pour l'assujettir il suffit de deux épingles, une près de la palme de fleurs d'oranger, et une sur la touffe gauche, prenant les cheveux les plus crépés.

Le voile se pose ainsi qu'il suit. On prend un des coins du voile, qu'on passe au travers des deux rouleaux ; puis on le fait revenir par-dessus, en rabattant en arrière pour l'arrêter avec une épingle à l'endroit du cordon où une broche serre les plis.

N. 2. — Par **CROISAT.**

C'est bien à juste titre que les coiffeurs ont établi l'usage de faire payer cher les coiffures de mariage. En effet, qu'y a-t-il de plus ingrat que le blanc, surtout pour une coiffure qui doit être vue au grand jour ? Ajoutez à cela la préoccupation d'un sort nouveau et la douleur de quitter sa famille, l'incertitude, la crainte, le désir, enfin mille émotions diverses qui agitent tellement l'esprit d'une jeune personne, que ce jour-là il est rare de lui trouver la physionomie aussi belle que d'habitude, et des couleurs qui rehaussent son teint.

« La toilette de la mariée fixera tous les regards ! chacun, durant le cérémonial, aura le temps d'analyser ma coiffure ; et des rivaux ambitieux se rendront peut-être à l'église dans l'espoir de critiquer mon travail ! » s'écriait l'autre jour un artiste appelé à coiffer une jeune mariée. « Allons, il faut que je me surpasse, » se disait-il au moment où on lui présentait les bijoux et le carton de fleurs ; et à l'instant, cédant à l'impulsion de son imagination créatrice, il élève masse sur masse, tresse sur tresse, coques doubles, coques simples, chignon, torsade et rouleaux, voire même des nattes à jour, des tresses circassiennes, des cordes à coulisse ; et puis, craignant de ne pas avoir assez enrichi son ouvrage, il court à sa boutique chercher des sévignés et des cache-peignes, « en cas, disait-il, qu'il reste de la place lorsque le voile sera posé..... Que cette coiffure sera belle ! disait-il en admirant sa grande et lourde composition. Voilà du travail ! s'écrieront les connaisseurs ; et mes confrères jaloux, comme ils ouvriront de grands yeux à l'aspect d'un chef-d'œuvre semblable !... »

Voilà pourtant comme il y a des coiffeurs qui entendent la toilette ! voilà aussi l'erreur qui occasionne tant de parures monstrueuses et tant de salmigondis. Oh ! qu'il y a loin du simple, de l'ami du beau, aux pots-pourris et à tous ces tours de force qui ne peuvent qu'enlaidir !... C'est dans la pose du voile surtout qu'il faut du laisser-aller... Jamais on ne saurait mettre trop de simplesse dans la pose de cet important ornement ; cependant, il est des cas où l'on est forcé de former des bouillons d'accompagnement : la maigreur, l'âge et le caprice obligent souvent le coiffeur à prendre tous les effets de passe, et force lui est de coiffer ainsi ; mais aussi, dans ce cas, comment fait-il ! il simplifie son ouvrage, et il se tire de la difficulté par une légèreté excessive dans les bouillonnages de la gaze et par beaucoup d'élégance dans la pose des fleurs. En pareil cas, très-peu de masses de cheveux composent le chou de sa coiffure ; et lorsque le voile est posé, la tête ne se trouve pas plus surchargée qu'avec une coiffure de bal. La femme est-elle mal disposée, il éloigne le blanc du visage ; ses traits au contraire respirent-ils le bonheur, il accompagne leur expression naïve avec la fleur virginale qu'une jeune fille aime bien à faire voir ce jour-là. Ma coiffure étant extrêmement simple, je n'indiquerai que la pose du voile.

Après avoir formé la grosse coque, on prend le voile par le milieu ; on le double d'un large pli, et l'on forme un grand bouillon qu'on fixe à la gauche de la coque. Une mèche lisse entoure le tout. Après cela, on conduit une partie du tulle du côté opposé de la coque, et l'on part de là pour aller accompagner la touffe droite, laissant, chemin faisant, des ondulations produites avec le bord du voile, seul moyen de détruire la roideur que produiraient de simples plis posés en long sur le côté de la tête.

MOYENS PROPRES A COLORER LES CHEVEUX

OU A LES TEINDRE.

(2ᵉ ARTICLE.)

Savon pour noircir les cheveux, imité des Romains.

Prenez deux onces de suif de mouton, une once de poix liquide, une demi-once de pierre noire, autant de laudanum et de vernis. Faites du tout un savon avec suffisante quantité de lessive faite avec les cendres d'écorce de saule. Vous parfumerez ce savon avec un peu d'ambre ou de musc.

Pour noircir les cheveux.

Il faut les frotter souvent avec les baies de sureau.

Ceux-ci se servent du liège brûlé, ou de girofle brûlée à la bougie.

Ceux-là se servent de noir d'encens, de résine, de mastic. Ce noir ne s'en va pas avec la sueur.

Pour teindre les cheveux blancs en brun clair ou châtain.

Il faut d'abord dégraisser les cheveux avec du son desséché ou de l'eau tiède, dans laquelle on aura fait fondre de l'alun. On prendra ensuite deux onces de chaux vive, qu'on laissera éteindre à l'air ; une once de litharge d'or, et une demi-once de mine de plomb. Réduisez le tout en poudre, et passez par le tamis. Détrempez un peu de cette poudre avec de l'eau rose ; frottez-en les cheveux, et les laissez sécher pendant l'espace de six heures ; après quoi lavez-les avec un peu d'eau tiède de savon, et laissez-les sécher de nouveau à l'air, où les essuyez avec des linges un peu chauds. Cette poudre ne teint pas la peau ; l'eau qui se fait avec l'eau forte (eau de la Chine) et l'argent de coupelle, la teint.

IMPRIMERIE ET FONDERIE DE FAIN, RUE RACINE, 4.

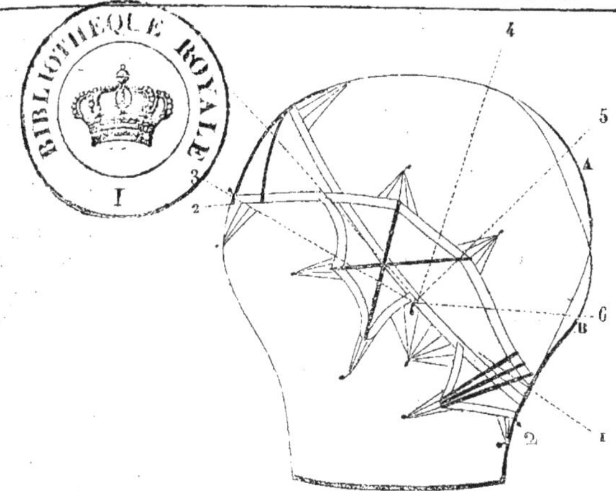

MONTURES

DE PERRUQUES D'HOMMES

SANS LE SECOURS DU COMPAS.

Nous parlons bien souvent coiffure ; parlons perruque un peu, et parlons-en de manière à ce que cela puisse être utile à MM. les posticheurs. Le postiche, au point où en est venu l'état, offre encore de grandes ressources à ceux qui le travaillent bien ; mais, en nous occupant de cette branche intéressante pour le coiffeur, gardons-nous de ressembler à ces maîtres égoïstes qui se cachent à tout le monde de peur qu'on ne leur vole le secret de tendre un fil ou de poser un oreillon.... Disons, au contraire, tout ce que nous avons appris de bon, d'excellent, tant par nous-même que par les démonstrations des meilleurs artistes; montrons la bonne manière de prendre la mesure, ainsi que l'art de poser un ruban ; faisons en sorte que s'il se trouvait parmi nos souscripteurs quelques confrères inhabiles, ils pussent à l'avenir faire des perruques échancrées qui tiennent bien sur la tête, ainsi que l'ont fait en cachette, pendant trente ans, les fameux dans la partie.

Dans la construction d'une perruque, le principal est d'abord de bien prendre la mesure, de relever les cinq points capitaux, qui sont : 1o la grosseur de la tête, prise tout autour ; — 2o la profondeur de la tête, à partir du front à la fossette ; — 3o la distance qu'il y a d'une oreille à l'autre, en passant sur le front ; — 4o la hauteur de la tête, à partir du coin des oreilles, en passant sur les pariétaux ; — 5o idem en passant sur l'épi ; — 6o idem en passant sur le gras de l'occiput.

Lorsque cette mesure est prise, on coupe la bande juste à la grosseur de la tête, et l'on forme un biseau à l'un des bouts, pour faire partir toutes les mesures de cet endroit.

Après cela, il est facile de rendre la marotte conforme à la tête de l'homme, à l'aide de triangles de papier et de plomb laminé, s'il s'agit d'élever des protubérances, ou bien en creusant, avec une lime de forme *demi-ronde*, les parties qui contiendraient trop de bois. *Voyez* figures A et B.

Lorsque la tête est ainsi préparée, vient la pose du ruban, quoique, avant cela, il soit bon d'établir ses distances par des lignes tracées à l'encre ou au blanc, ou bien avec des pointes que les quincailliers nomment *pointes à perruquier*. Voici comment quelques bons ouvriers s'y prennent. On marque d'abord, sur la tête, la distance qu'il y a du front à la fossette. Ensuite on marque aussi, et toujours au moyen de la mesure, la distance des orcillons (1) : cette deuxième opération est très-difficile, car ces deux pointes doivent donner, en même temps que la distance des oreillettes sur la ligne du front, la profondeur de la perruque sur les côtés ; aussi, avant d'enfoncer lesdites pointes bien avant dans le bois, a-t-on soin de mesurer, ainsi qu'on le fait sur l'homme, en prenant le point n. 4, pour s'assurer si le signe donne la profondeur des pariétaux ; car, ainsi qu'il est dit plus haut, les pointes guident pour la pose des nageoires, ainsi que pour la descente du ruban fondamental. Ceci fait, on pose son *ruban d'aplomb* (2), c'est-à-dire celui qui ceint la tête le plus directement. Ce ruban, qui part de la fossette, pose sur la pointe de côté, et monte à 3 pouces environ du bec. Vient ensuite le deuxième ruban, qui prend aussi de derrière, puis monte à 20 lignes au-dessus des oreillons, où il décrit deux masses carrées, et descend ensuite pour former la pointe sur le front.

Après cela, les temporaux sont posés de la manière suivante. Le ruban est fixé contre la pointe guidon, puis un petit bec d'environ 3 centimètres est formé, et après on décrit la petite pointe qui avoisine l'échancrure, et l'on va fondre au coin de l'angle frontal en arrondissant sur le *bord du front*.

On établit ensuite ses oreillettes de derrière, ayant soin de laisser au-dessus des oreilles 7 centimètres de place pour la pose des élastiques, attendu qu'il est urgent de les placer à cet endroit pour que la perruque ne poche pas vers la fossette du cou.

Du fil de Bretagne, voilà ce qu'on doit prendre pour tendre la monture avant la pose du tulle, qui doit toujours précéder celle des ressorts. Ces derniers, au nombre de 11, dont 3 sont posés sur le bec, 2 sur chaque tempe et autant aux oreillettes de derrière, sont limés et garnis par les bouts avec de la peau mince, et recouverts ensuite avec du petit ruban renforci. Nous faisons observer que le ressort du milieu du bec est de moitié plus long que les deux autres, et qu'il est posé sur un ruban qui partage la coiffe en deux.

Afin que le chapeau ne puisse pas faire plisser la perruque par derrière, on doit poser un ressort prenant de l'épi au ruban d'aplomb. Après cela, on passe la monture au fer plat et à chaud, pour aplatir les coutures et diminuer les épaisseurs.

Observation. — D'habitude on donne un pouce de jeu aux élastiques, et l'on avantage la perruque de 6 lignes sur tous les points, à l'exception toutefois de l'écartement des oreillettes, qui doit toujours être juste, pour ne pas être gênant. Mais, pour un homme qui transpire abondamment, il faut ajouter 3 lignes de plus, à moins qu'on n'ait le soin de mouiller à l'avance le tulle ainsi que le ruban.

COIFFURES D'ENFANTS.

C'est bien à tort que les journaux de modes négligent la coiffure du jeune âge, de cette génération gracieuse qui aime et comporte, malgré tous ses avantages, une

---

(1) Cette opération se fait ainsi qu'il suit. On plie la mesure, c'est-à-dire qu'on porte le bout qui forme le biseau sur le n. 3, afin d'avoir le milieu de la distance ; on présente ce point central sur la raie qui marque le milieu de la tête à perruque, et l'on a d'une manière exacte la place des oreillons.

(2) Le bon ruban est ordinairement solitaire, renforci, ayant n. 2 ou 3, et sortant des fabriques de Saint-Etienne. Pour garnir les ressorts, on prend du n. 1, même qualité.

Les Cent-un Coiffeurs.

On s'abonne a la Direction Rue Croix des Petits Champs. 2.
vis-a-vis celle du Coq.

SOMMAIRE

1. Coiffure de jeune personne composée par Croizat. 2. Coiffure négligée de petite fille. id.
3. Coiffure des Enfants d'Edouard. 4. Coiffure Chérubin.

LES PAPILLOTES

De Jasmin,

COIFFEUR,

Membre de la Société des sciences et arts d'Agen.

Un poëte, un véritable poëte, Jasmin, a donné au public une édition complète de ses œuvres. Nous avons le plaisir de voir réunis dans un même recueil et ses suaves romances que tout le midi a adoptées comme des enfants privilégiés de son beau ciel et de son voluptueux climat, et ses chants lyriques, dont la mâle vigueur et l'énergique pensée ont tant de fois excité nos patriotiques transports et réveillé l'enthousiasme populaire, car Jasmin est surtout le poëte du peuple.

Et comment aurait-il pu mentir à son origine ! Non sans doute, Jasmin, né au milieu du peuple, ne devait pas en sortir. Aussi, il n'a pas, lui, la folie de rougir de son berceau ; ou plutôt, un juste orgueil l'y tient attaché comme une protestation vivante que le génie est de tous les états et se joue de la distinction des rangs. Jasmin est un poëte, un grand poëte, et il est coiffeur à Agen ; et, qui plus est, il ne veut pas cesser de l'être. Laissons-le nous dire lui-même, avec sa verve originale et piquante, comment il est parvenu à marier le rasoir avec la plume du cygne. C'est devant des académiciens, ses collègues, car Jasmin est membre d'une académie, qu'il explique ce phénomène :

Bay ! bay ! n'atges pas poou que dachan sa
     crambeto,
Et sous pichous esclots, et soun juste en sargeto.
Ma muzo, as grands pourtals , s'en angue à gi-
     nouillous
Brandi l'esquiro d'or et fa triplo courbeto,
  Per debeni doumayzeleto
  Dins lou palay des grands segnous ;
Es nascudo chel puple, al sé del puple rèsto ;
En bas coumo lassus ya de laourè tabè !
. . . .
Télo és ma muzo amit : en payzano bestido,
Rits, s'amuzo, taquino, animo l'encensouèr ;
Es tristo, faribolo, et la ma que la guido
Atengut diou guida lou pégne et lou razouèr ;
  Es bertat, et la caouzo és bièillo.
Qu'uno plumo, un razouèr s'unisson à mer-
     bèillo :
  Fan tout dus un trabal de cat ;
Garo doun as malins que m'aouran attaquat !
Moun arquet que parey feble como uno broco,
A dus cots à tira : s'un manquo , l'aoutre toco,
  Et soeben piquo jusqu'al biou ;
Poètos, battè-mé sur un brigal d'escriou !
N'ey qu'un bren de laourè, sega-n'en uno garbo,
M'és égal ; s'en riman, lou poèto gascou
Bous manquo pel l'esprit , bous acrocho al
     mentou,
Et se, dambé sous bers, nou bous fay pas la
     barbo,
  Bou la fay d'uno aoutro fayssou.

Comme on le voit, Jasmin écrit dans l'idiome gascon, mais on peut dire qu'il compose toujours dans la langue des dieux. Ses vers, pour ceux qui peuvent les lire dans le texte original, ont un charme de plus que leur prêtent la naïveté et l'énergie en même temps de ce langage étonné de produire pour la première fois de si belles choses : c'est le diamant dont l'éclat est rehaussé par le sable du fleuve qui l'a roulé. Pour les autres lecteurs, le poëte ne se refuse pas à la traduction, et ne perd jamais la verve puissante et la noble élévation du premier jet.

Une fois cependant Jasmin a pu, sans trop dé témérité, s'essayer dans la langue française, quoiqu'il ait cru devoir s'en excuser dans l'épître qu'il adressa à *Béranger*. C'est assez en faire l'éloge que de dire qu'elle a valu à Jasmin ceux de notre immortel poëte. Voici cette épître, qui fera juger du faire de l'auteur :

Je ne résiste plus au feu qui me tourmente !
Non, non, l'éclair du Pinde à mes regards a lui :
Illustre chansonnier que tout le monde chante,
    Je veux te chanter aujourd'hui.
    Mais, étranger à ce rivage,
  Tu n'entends point mon vulgaire langage ;
L'hémistiche gascon est muet à tes yeux ;
Aussi pour toi, poëte, ai-je posé ma lyre,
Et sur le luth français j'ose, dans mon délire,
    Essayer la langue des dieux.

✥

Oh ! dis-moi, quelle est donc cette muse qui
                       t'aime ?
    Qui t'inspire ces nobles sons ?
    Je crois voir une ode, un poëme,
    Dans chacune de tes chansons.
Sur un roc, étalant de simples funérailles,
    Peins-tu le géant des batailles,
    L'*homme* étendu dans son tombeau,

    Ou ce vieux soldat au hameau,
Qui de la terre en deuil sillonne les entrailles,
Et le soir vient pleurer près de son vieux dra-
                   peau ?
    Dis-tu la paix par la honte achetée,
Ou les moutons bêlants, et leur robe argentée
Que l'acier féodal détache de leur peau ?
    Chantes-tu l'Amour, la Victoire,
    Le vin, les Jeux, les Ris, la Gloire,
    Tout nous enchante ! tout est beau !
    Et chaque trait de ton pinceau
    Est un monument pour l'histoire.

✥

Cet *homme* qui des rois faisait courber le front,
    Au bruit des pamphlets politiques
Ne répondait aussi que ces mots prophétiques :
    Les Français chantent, ils paîront !
    Ainsi disaient des ministres naguère,
    Ainsi disaient des princes absolus,
Quand la France vendue à la ligue étrangère,
    Cessant d'imposer des tributs,
    Devint esclave tributaire,
    Et quand ta Muse, libre et fière,
    Traitait nos vainqueurs en vaincus.
    A l'infamie, à l'arbitraire,
    Aux corrompus, aux corrupteurs,
    La nation jetait un vil salaire ;
    Et s'égayant, dans sa misère,
    A tes refrains consolateurs,
Elle laissa quinze ans grandir tous ses vengeurs..

✥

Vengeance ! ils ont paru.... Victoire ! elle est
                   vengée !
En vain, trois jours, l'airain tonna sur ses affûts,
Nos pavés sont vainqueurs, nos droits sont re-
                 connus,
    La gloire est à son apogée ;
Mais nous payons encore et tu ne chantes plus !

Eh quoi! déjà ta Muse au repos s'est livrée?
Ah! s'il n'est plus d'orgueil sous la haute livrée,
S'il est vrai que du mal ils aient rompu le cours,
Si de bonheur enfin la France est enivrée,
Alors, ô Béranger, célèbre d'heureux jours!
Quand nous payons si bien, au moins chante
toujours!

Chante! plus que jamais fais vibrer ta pensée!
Chante! Pour oublier de noires trahisons,
Plus que jamais *le peuple a besoin de chansons*.

Non, ta lyre n'est pas brisée:
Si tu dors, hâte ton réveil!
La France, pendant ton sommeil,
N'est qu'une terre sans rosée,
Qu'un ciel nébuleux sans soleil;
Parais: tout sourira s'il t'échappe un sourire!..

Mais, quel poëte en deuil fait soupirer sa lyre
Au cri plaintif des Polonais?
Dieux! c'est toi! je te reconnais.
Tu peins à l'univers ce grand peuple qui tombe
En nous tendant ses bras, penché près de sa
tombe;
Gloire pour lui! Honte pour nous!
Seul il a lutté contre tous!

En vain, mourant, il nous réclame!
Tyrtée, au son touchant que ta corde a rendu,
Notre âme a répété le soupir de ton âme,
Et nos pleurs à tes pleurs ont déjà répondu.

J'écoute encor: tes plaintes poétiques
Vont émouvoir au loin le chantre des *Martyrs*;
Ta Muse le convie à nos banquets civiques;
Mais, du haut des monts helvétiques,
Las enfin d'évoquer de trop vieux souvenirs
Et de lancer sur nous ses foudres politiques,
Osera-t-il répondre à tes désirs?
Oui, le voilà! l'homme-génie
A ta voix n'a pu résister:
Il voit, il touche encor le sol de la patrie,
Où, pour sa vieille gloire, il aurait dû rester.
Tout cède à ton charme, poëte!
Poursuis! poursuis! Moi, je m'arrête,
Fier d'avoir dit ton immortalité.
Pardonne toutefois à ma témérité:
Echo faible et lointain d'une Muse inféconde,
Mon luth ne retentit que dans une cité,
Quand chaque son du tien fait tressaillir le
monde.

COUP-D'OEIL

DANS LA BOUTIQUE D'UN BARBIER

CHEZ LES ROMAINS.

Il sera peut-être agréable au lecteur de recueillir quelques détails sur les barbiers de l'antiquité.

A Rome, ils avaient trois occupations bien distinctes: la principale, et la plus difficile, était de couper les cheveux aux hommes, et ils les coupaient de cinq manières différentes; aussi, lorsqu'on entrait dans une boutique de barbier, on était certain de s'entendre faire cette question: « De quelle manière veux-tu que je te coupe les cheveux? »

Les Grecs aussi bien que les Romains

se firent couper les cheveux longtemps avant de se faire raser la barbe ; mode de l'Orient et de l'Egypte, qui s'introduisit chez les Grecs à l'époque des conquêtes d'Alexandre (1).

Il y eut par conséquent des gens qui coupaient les cheveux avant qu'on ne connût les barbiers : Beckmann et Schneider ont fourni sur cela quelques remarques très-circonstanciées.

Je me bornerai à dire que les barbiers avaient autrefois une certaine importance. C'était dans leur boutique que les hommes faisaient leur toilette du matin, parce qu'ils ne possédaient ni peigne ni miroir ; aussi rencontrait-on toujours beaucoup de monde dans ces boutiques, et surtout un grand nombre d'oisifs.

Les personnes riches avaient des esclaves qui faisaient les fonctions de barbier. Les gens libres qui exerçaient cet état faisaient la barbe et coupaient les ongles des mains ; c'était au bain que l'on se faisait couper ceux des pieds.

(1) Ce petit aperçu détruira, j'espère, l'opinion que chercha à établir M. Landrin, avocat, dans le procès qui eut lieu à Paris, entre huit cents coiffeurs, en 1836 : ce législateur, qui eut l'impolitesse de dire à ses clients qu'il était aisé de voir que les perruquiers n'avaient rien oublié, aurait appris de Croisat, si celui-ci eût été libre de prendre la parole, que les barbiers, ainsi qu'il le disait avec une sorte de mépris, ne descendent point d'une race de valets, et qu'*Olivier*, le barbier et le ministre de Louis XI, n'était nullement le créateur de sa profession. Quant à l'état de coiffeur, dont nous ferons l'histoire dans le troisième volume, personne ne doute qu'il ne fût pratiqué dans les temps les plus reculés.

Les barbiers avaient donc trois occupations principales.

Pour couper les cheveux ils se servaient non de ciseaux, mais de rasoirs de différentes grandeurs. Lucien, en parlant de l'apparat d'une boutique de barbier, fait mention d'une grande quantité de rasoirs. La coupe la plus élégante, dit Pollux, est celle faite avec un rasoir.

Les hommes qui voulaient avoir l'air jeunes se faisaient arracher les cheveux gris ; les flatteurs des gens riches se chargeaient souvent de rendre ce service à leurs patrons.

Les barbiers teignaient aussi les cheveux, et mettaient leur amour - propre à le faire avec habileté ; ils avaient différentes recettes pour cela. (Voyez *Sarein*, t. 3, p. 204.)

Ils étaient dans l'usage d'essuyer la figure aux pratiques après les avoir rasées. La serviette dont ils se servaient était faite avec du lin non roui, de sorte qu'elle était velue comme de la pluche.

Un petit poëme très-plaisant, de Phanias, sur le barbier Eugathès, contient une énumération de tout l'attirail nécessaire pour la toilette ; il y fait mention d'un morceau de feutre, reste d'un vieux chapeau, qui servait à repasser les rasoirs.

(Extrait de la Méthode de Coiffure *de Croisat.)*

certaine recherche dans les ajustements... Si un enfant dont la chevelure est arrangée avec symétrie, paraît avec une tenue décente et de bonne maison, pourquoi donc s'obstinerait-on à mal peigner les petits garçons ainsi que les jeunes filles? D'ailleurs, quel bien les santés de ces petits anges ne retirent-elles pas des soins minutieux que toute bonne mère prodigue avec empressement à l'enfant de son amour!.. Comme une jeune personne (*voyez* fig. n. 1) dont la chevelure bien lissée et retroussée simplement en corde à puits, d'où s'échappent des pointes frisées à la grecque, est convenable, n'ayant qu'une seule boucle de chaque côté à la suite du bandeau lisse! — Le n. 2, dont les cheveux sont séparés du front à la nuque, offre sur chaque tempe des tresses relevées et nouées avec du ruban de couleur, ce qui fait une coiffure à l'épreuve de la fatigue de tous les jeux enfantins.—Le n. 3, frisé à la papillote, ressemble à un de ces lutins qu'on aime à rencontrer à la promenade, surtout lorsqu'un léger zéphyr vient agiter ses boucles de cheveux.—Le n. 4, dont l'attitude annonce la préoccupation des devoirs de l'instruction, est fort bien avec sa coiffure sans touffe ni frisures, ce qui prouve que, dès la plus tendre jeunesse aussi bien que dans un âge avancé, à l'arrangement des cheveux doivent toujours présider les règles de l'harmonie.

MOYENS

PROPRES A COLORER LES CHEVEUX ET LES SOURCILS,

OU A LES TEINDRE.

(3ᵉ ARTICLE.)

Teinture des cheveux en blond ou en noir (vieux système).

Lavez votre tête, ensuite trempez votre peigne dans de l'huile de tartre, et vous peignez ensuite au soleil. Faites cette opération trois fois par jour, et au bout de huit jours, au plus, vos cheveux deviendront noirs. Si vous souhaitez les rendre odoriférants, oignez-les avec l'huile de be....

Pour teindre les cheveux en blond.

Prenez lessive de cendres de sarment, deux livres; racine de bryoine, de chélidoine, de cucurma ou safran des Indes, de chaque une demi-once; safran, étamine de lys, de chaque deux gros; fleurs de bouillon blanc, de stécas jaune, de genêt, de millepertuis, de chaque un gros : faites cuire le tout ensemble, et tirez au clair. Il faut laver souvent les cheveux de cette lessive, et au bout de quelque temps ils deviendront très-blonds.

Remèdes simples pour rendre les cheveux blonds.

Outre ceux que nous avons déjà nommés ci-dessus, on peut ajouter les racines de polypode, de gentiane, d'éringium, de réglisse, de gaude ou herbe à jaunir, la sciure de bois, le santal citrin, la rhubarbe.

Onguent pour noircir les cheveux ou la barbe.

Prenez huile de costus et de myrrhe, de chaque une once et demie; remuez bien dans un mortier de plomb; ajoutez poix liquide, suc exprimé des feuilles de noyer et laudanum, de chaque une demi-once; pierre noire, noix de galle, plomb brûlé, suie de résine ou d'encens, de chaque un gros, suffisante quantité de mucilage de gomme arabique, tiré avec la décoction des noix de galle. Cette préparation, connue depuis cinquante ans, a quelque rapport avec la nouvelle teinture qu'on annonce dans les journaux comme teignant à la minute. Frottez-vous-en la tête ou le menton, après qu'ils seront rasés.

Autre.

Concassez une livre de noix de galle par morceaux; faites-les bouillir dans de l'huile d'olive, jusqu'à ce qu'elles soient devenues molles; ensuite faites-les sécher et réduisez-les en poudre subtile, que vous incorporerez, parties égales, avec la poudre de charbon de saule et du sel commun préparé et pulvérisé, et un peu d'écorce de citron et d'orange séchée et réduite en poudre; puis faites bouillir le tout avec douze livres d'eau, jusqu'à ce que la matière qui reste au fond du vaisseau soit devenue en consistance de pommade noire : vous en oindrez les cheveux, que vous mettrez sous un bonnet, pour les laisser sécher; peignez-les lorsqu'ils seront secs.

Cette teinture est excellente pour noircir les cheveux; il faudra s'en servir une fois par semaine, ce qui les empêchera dans la suite de rougir. Cette teinture est encore propre à fortifier le cerveau.

Eau pour noircir les sourcils.

Vieux barbons, lavez d'abord vos sourcils avec une décoction de noix de galle; ensuite frottez-les avec un pinceau trempé dans la dissolution de vitriol vert, et laissez-les sécher. Vous pourrez ajouter un peu de gomme dans cette dissolution, afin qu'elle se fixe plus promptement.

Teinture pour noircir les cheveux.

Mettez digérer de la limaille d'acier dans de très-bon vinaigre, pendant dix jours, puis servez-vous de ce vinaigre, qui deviendra comme de l'huile grasse. Oignez-en vos cheveux aussi souvent que vous jugerez à propos, ce qui les rendra noirs en très-peu de temps.

Autre.

Faites bouillir sur un petit feu pendant une demi-heure, du jus de citron, du vinaigre et de la litharge; pulvérisez-de chacun par égales parties, puis servez-vous de cette décoction pour vous humecter les cheveux : en très-peu de temps ils deviendront noirs.

Autre.

Faites éteindre, dans un endroit humide, trois onces de chaux vive; joignez-y deux onces de plomb brûlé, sans être lavé, mis en poudre subtile, et quatre onces de litharge d'or, aussi réduite en poudre subtile; puis mettez ces choses dans un mortier de plomb, pour les incorporer avec de l'eau commune en consistance fort liquide : appliquez-en proprement sur les cheveux; les couvrant ensuite d'un bonnet de taffetas gommé, que vous ôterez peu après, pour les sécher avec une serviette blanche, vous ferez tomber la poudre de la teinture, qui aura rendu les cheveux noirs, ou vous laverez les cheveux à l'eau tiède et au jaune d'œuf.

Pour noircir les paupières et les sourcils.

Ayez poix-résine, résine et encens, de chacun deux onces; mastic entier en larmes, une once : jetez ces choses sur le charbon ardent, et mettez dessus un plat pour recevoir la fumée qui s'en exhalera, et il s'y attachera une crasse ou suie noire, avec laquelle vous frotterez les sourcils et les paupières bien délicatement; ce qui les rendra noirs, sans se déteindre, en s'en frottant de temps en temps.

NOTICE

SUR LÉONARD,

Coiffeur de la Reine Marie-Antoinette

22ᵉ LIVRAISON.

Ce fut vers la fin du xviiiᵉ siècle que les modistes, les coiffeurs devinrent des illustrations : Paris et Versailles proclamèrent une Guimard, une Bertin, un Léonard.... Mais Léonard, ce héros de la coiffure, ce dieu régénérateur des beautés ou trop mûres, ou trop vite dépensées, ne vit aucune capacité marcher à sa hauteur ; il eut ses courtisans ; les aristocraties princières saluèrent son étoile ; le roi lui souriait ; la reine en fit le conseiller intime de sa grandeur souveraine : les voiles de son négligé lui furent transparents.

Léonard s'était placé par le *génie*, au niveau des grands de l'ancienne cour ; il avait partagé leurs splendeurs ; quand ils vinrent à connaître l'infortune, il se crut solidaire avec eux de souffrance et d'adversité : ce qui prouva, en passant, que l'âme d'un coiffeur peut valoir célle d'un comte ou d'un duc. Léonard émigra, emportant dans sa mémoire l'empreinte vraie de tout ce que les cabinets de toilette et les petites maisons avaient célé, depuis vingt ans, d'aventures piquantes et de charmantes indignités ; de tout ce que les deux Trianons, Marly et Choisy avaient dérobé d'abandon secret ; de tout ce que les nuits du vieux Versailles avaient voilé d'escapades illustres....

Léonard reparut à Paris dès l'origine de la restauration ; mais on espéra vainement qu'il ouvrirait le trésor de ses souvenirs : l'ancien coiffeur virtuose trop dépendant des hauts personnages que ses révélations pouvaient peindre sous un jour peu flatteur, se crut obligé de garder le silence : on perdait là vraiment le croquis fidèle d'une époque qui ne s'est pas encore offerte entièrement sous ses plus curieux aspects. L'esprit original de Léonard, son assurance perruquière, les jugements hardis qu'il portait sur les hommes et les évènements, l'importance qu'il donnait sérieusement à sa vie, son expérience formée d'observations politiques, morales, littéraires, faisaient relief sur un fond de poudre à la maréchale ; tout, dans cette nature type, semblait promettre de ces récits qu'on a nommés depuis *pittoresques*, et dont le caractère peut être saisi dans un jet de ce naturel à part, qui surgit, en 1817, d'une fin de dîner chez Riche, entre champagne et café.

« La coiffure, disait Léonard, avec le ton d'une intime persuasion, résume » une époque avec une merveilleuse précision : ne *riez pas*, messieurs, j'ar- " rive tout d'abord à la preuve tirée de notre propre histoire, je ne remon- .» terai pas bien haut pour vous l'offrir convaincante.

» Sous Louis XIII, les cheveux coupés carrément, parfumés, mais frisés » sans art, c'est la barbarie hautaine d'une noblesse aussi ignorante que va- » niteuse, qui brille sans élégance, qui veut paraître grande sans grandeur. » Cette coiffure-là dénote la férocité des duellistes raffinés, la passion fu- " rieuse des joueurs de lansquenet, relevant, le matin, leur moustache an

» Louvre ; détroussant, le soir , les passants dans les rues de Paris ; elle ré-
» vèle la galanterie brutale qui va droit au but sans préambule , et qui, du
» reste, y parvient sans obstacle.

» A l'aspect des grandes perruques du règne de Louis XIV, perruques si
» graves, si imposantes, ne voyez vous pas se développer toutes les sublimi-
» tés? cette coiffure grandiose annonce Racine , Molière, Bossuet, Fénélon,
» Condé , Turenne, comme l'aurore annonce le soleil.... Plus tard, l'ampleur
» chevelue est restreinte ; les perruques sont ébranchées. Eh bien ! la sphère
» du génie devient plus étroite ; les poètes, les grands orateurs, les grands
» capitaines s'éclaircissent, puis ils disparaissent.....

» La régence arrive avec son *crépé-dru* , sa frisure mesquine... Alors plus
» de supériorité nulle part, plus de noblesse dans les idées : des grands sei-
» gneurs qui s'enivrent ; un régent qui signe ses édits sur les genoux d'une ca-
» tin...; des intrigues financières approchant de la friponnerie ; des laquais se
» prélassant sur les coussins du carrosse derrière lequel ils montaient naguère ;
» des gentils hommes, ruinés rue Quincampoix, se faisant plus bas que les
» laquais avec lesquels ils ont changé de rôle.

» Dans la seconde moitié du xviiie siècle, la boucle à l'œil presque vapo-
» reuse, les crochets délicats, le fer-à-cheval aérien, poudré au givre avec une
» esquise légèreté : ces frisures, si remarquables par leurs savantes ténuité
» et leur coquetterie ambitieuse ; ces édifices de cheveux dont la construction
» retranche chaque matin deux heures aux plus pressantes occupations , aux
» devoirs les plus impérieux, ne résument-ils pas les goûts d'une génération
» zéphire qui effleure tout du bout de son aile, et dont les affections, les idées,
» les penchants n'ont pas plus de solidité que la coiffure du temps... c'est
» Marivaux, c'est Dorat, c'est Sophie Arnould ; puis c'est Boufflers et Vestris
» conduisant le siècle sur un char traîné par des papillons, à la voix d'une
» Pompadour ou d'une Du Barry. Et, par bonheur, la frisure en vogue pèse
» moins qu'une plume sur les têtes ; car elles sont si creuses , si frêles ,
» qu'elles éclateraient au moindre poids imposé par la raison.

» La révolution vient souffler sur cette civilisation de bulles de savon ; elle
» s'évanouit... Les coiffures tombent, et les têtes avec... Voici venir les che-
» veux à la *Brutus* , à la *Caracalla*... Messieurs, cette coiffure-là promettait
» du sang... elle ne trompait pas... vous connaissez les fastes horribles de
» 1793.

» Le directoire et Barras surgissent de cette marre sanglante ; et voilà tout
» à coup un pastiche du siècle de Périclès, se produisant sur nos débris... On
» ne rencontre que des têtes blondes, que des frisures bouclées et enduites
» *d'huile antique*... Tous les jeunes gens sont des Alcibiade ou des Aristippe ;
» toutes les femmes des Laïs ou des Lasténie. On se drape du manteau grec ;
» on chausse le cothurne ; on néglige les jupes ; on sable du Champagne en
» faisant joyeusement la nique à la probité et aux bonnes mœurs... Je devinai
» ce dévergondage rien qu'en voyant en Allemagne une tête parisienne de
» 1797 : la frisure bichonnée qui la couronnait ne pouvait me tromper.

» Soudain les cheveux coupés en *vergette* et les faces à *l'avant-garde* sont
» substitués à la frisure grecque, après une brève apparition des *oreilles de*
» *chien*..... C'était la puissance militaire qui commançait à poindre... *La ver-*
» *gette* et *l'avant garde* annonçaient infailliblement Bonaparte : elles ont duré
» autant que lui. »

« Ici l'accent de Léonard devint solennel et chagrin : « Le pire de tout
ceci, poursuivit-il lentement, c'est qu'à mon retour en France je ne trouve

Les Cent-un Coiffeurs.
On souscrit à la Direction, r. de l'Odéon, 33.
à Paris.
1. Capé au chiffon par Croizat.
2. Capé à l'étoile par le même.
3. Parure de Mariage......... id.
4. par Juarentas de Milan.
5. par Surlanne de Dax.
6. par Elie de Paris.
7. par Konstury de La Haye.
8. par Bejot de Dax.
9. par Pugno de Paris.

» qu'une coiffure vague, indéterminée, sans caractère arrêté ; une coiffure
» qui, comme le caprice qui l'inspire sans pouvoir la consacrer, flotte entre
» le Périclès, le Bonaparte, et le Charles XII... Ceci est grave, messieurs !
» une société dont la coiffure ne se fixe pas, est une société malade, une so-
» ciété en dissolution.... Rappellez-vous ce que je vais dire : J'ai beaucoup
» vécu, beaucoup observé, beaucoup comparé... La nation assez indécise
» pour ne pas adopter une coiffure s'en va déclinant... c'est une nation per-
» due »

DESCRIPTION DES COIFFURES.

PLANCHE DE DAMES.

N. 1. — COIFFURE par CRIOSAT.

C'était les beaux jours de la coiffure que ceux où le chiffon couronnait
avec élégance les mille-et-une boucles qui se dessinaient sur le tapé : Du chiffon, posez-moi du chiffon, disaient à leurs coiffeurs les grandes dames, surtout celles qui lisaient le *Mercure*, à l'époque où ce journal donnait la description de la magnifique coiffure que Léonard fit à la jeune Dauphine (Marie
Antoinette) lorsqu'il eut l'honneur de l'accommoder pour la première fois.

Tandis que le pauvre *Larseneur*, chagrin de se voir abandonné par la jeune
princesse cherchait un adoucissement à sa peine en lançant des gazes légères
sur les cheveux de madame de Noailles et des morceaux de velours sur la tête
de madame de Misery.

Legros : le suffisant Legros, (1) pour entraver le jeune novateur sous les
ciseaux duquel tombaient chaque jour les chevelures *maronnées* que son
peigne barbare avait lourdement échafaudées, jaloux de voir ce qu'il appelait
un jeune homme sans expérience envahir les têtes de la ville ainsi que celles
de la cour, ne pouvant attaquer son talent, il se mit à critiquer son maintien,
ses goûts et sa conduite; à l'entendre, une femme ne pouvait se faire Léonar-
der sans s'exposer à être taxée d'extravagance et à porter l'empreinte d'un
cachet formé dans de mauvais lieux, où l'artiste aurait corrompu son goût
ainsi que sa santé : tous ces mauvais propos de l'antagoniste de Léonard n'en-
pêchèrent pas le nouvel artiste en coiffure de réussir auprès des dames, il pa-
rait même qu'il eut à se féliciter de plus d'un genre de succès.

C'est pour en venir à mon chiffon tappé que j'ai dit un mot d'un artiste
qui dut sa vogue à ce genre de travail.

Exécution : Dans ma coiffure je n'ai point fait usage de la toque de crin que
l'on mettait derrière le tapé pour recevoir les épingles; les cheveux relevés
en casque et dirigés en avant forment une tresse en sept qui, couchée à plat
sur le devant de la tête procure un fond très commode pour recevoir les épingles nécessaires à la pose du chiffon, qui n'est autre chose qu'un voile de

(1) Ce coiffeur était d'une capacité fort ordinaire, mais ayant publié une espèce
de Traité sur la coiffure, il se croyait un grand talent.

trois quarts, brodé ayant un peu d'apprêt, et posé ainsi qu'il suit : après avoir formé son tapé, lequel doit être fortement crêpé par derrière, vu que la tresse plate avance jusque-là, on pose son chiffon par le coin en commençant à gauche où flotte un bout de 8 à 10 pouces de longueur et ensuite on prend un des bords dudit voile pour en former des plis qu'on assujettit sur la tresse : ces plis forment des tuyaux jusqu'à l'autre côté de la tête ; avec l'excédent du voile on garnit le derrière de la coiffure, soit en façon de cornette, soit en façon de berret : le goût de l'artiste doit décider de ce qu'il convient de faire pour terminer cette composition, qui, prenant son effet de face n'a par derrière que des accessoires. Les ornemens sont une branche de raisin posée sur la tempe droite comme pour contrebalancer les échapés de frisure, qui flottent du côté opposé, et un bouquet de petites plumes placé coquettement à la droite du pouf. Le devant de cette coiffure assez flatteur en n'altérant point la couleur des cheveux, peut donner beaucoup de piquant à la physionomie avec un fond de poudre à la maréchale : c'est sous ce double rapport qu'elle peut être utile à mes confrères, en ce moment, surtout, car nous allons flotter entre la Louis XIV et la Louis XV pour l'hiver prochain.

N. 2. — COIFFURE PAR LE MÊME.

Puisque monsieur possède si bien l'art de la coiffure, disait la belle Julie, danseuse chez Nicollet en 1769, à son nouveau favori *Léonard*, je présume qu'il voudra bien m'apprendre comment je dois disposer mes cheveux pour représenter convenablement une fée, car je suis une fée dans la pièce où je joue ce soir. *Léonard* nouvellement arrivé à Paris, et qui par conséquent désirait ardemment trouver une circonstance favorable pour faire connaître son savoir-faire, transporté de joie, dit à sa première conquête, et avec toute la chaleur que peut inspirer à un homme du midi l'avantage d'avoir à orner une belle figure, ainsi que l'occasion de pouvoir montrer son talent au grand jour ; Léonard lui dit, en relevant promptement le coin de sa manche, qu'elle fée êtes-vous mademoiselle, fée bienveillante, fée protectrice du fils d'un roi, ou fée vengeresse, furieuse de n'avoir pas été appelée à la naissance d'une princesse belle comme le jour ? il faut que je soit fixé à cet égard.

Bravo ! Léonard, s'écria Frémont, premier garçon chez Legros, et qui se trouvait dans la loge de cette danseuse parce qu'il coiffait Laure, danseuse aussi chez Nicollet :

Je suis une fée protectrice, répondit la divine beauté, qui, défesant son peigne, livrait déjà ses beaux cheveux blonds à la verve d'un artiste qui se sentait inspiré. Vous avez des perles, des fleurs, de l'oripeau, des escarboucles, des émeraudes, des diamants ? Il est indispensable que l'inspiration nage dans les élémens constitutifs d'une coiffure originale, lui dit le bienheureux Léonard et à l'instant, on lui présente un écrin.... Que vois-je ! des étoiles ! J'entrevois une idée, je la saisis, je l'étreint, je la captive.... Belle Julie ! votre coiffure fera sensation, je vous le promets ; tel fut le début de *Léonard* dans la grande ville. Chacun sait combien la coiffure aux étoiles lui porta bonheur, ainsi qu'à Julie qui, parée de cette façon, fit accourir la foule pendant long-temps au théatre de Nicollet. La coiffure de la fée protectrice ainsi que celle qui paraît sous le N. 2 contenait une tocque de crin placée au centre du tapé, moyen sûr de ne pas affaisser la crépure qui semblait suffire à la pose des bijoux.

N. 3 — COIFFURE PAR LE MÊME

Des touffes faites avec des cheveux de onze pouces, étagés et effilés *moyennement*, une corde à puis dans laquelle est passé un fil de fer qui la soutient en l'air et une coque *bourrée* (1) garnissant le derrière du chou, voilà ce qui compose cette coiffure dont les ornemens : sont une couronne à la Cérès et des barbes d'Angleterre. Une seule épingle sert à former toutes les fronces et à fixer l'écharpe sur le milieu du chou.

Cette coiffure, par la régularité qui règne dans la pose de la couronne, la façon des touffes et la forme du chou, s'adresse à une jeune personne d'une attitude sévère et ayant des traits réguliers.

N. 4. — COIFFURE par **QUARANTA**, élève de **M. PUGNO**,

Les épingles me font mal à la tête disait une jeune vierge au coiffeur milanais qui ayant fait ses études à Paris n'ignorait aucune des *ficelles* de l'état : soyez san inquiétude, madame, je vais vous coiffer de manière à ce que vous ne sentiez rien, et, à l'instant il se met à lui bâtir quatre coques qu'il attache avec des mèches de la chevelure même.

Et mon écharpe, comment allez-vous la fixer? lui demanda la belle mariée dont le front pur attendait la couronne et le bouquet virginal.

Tout cela n'est pas difficile, madame, voyez-plûtot : et il prend l'écharpe par le milieu, il en forme quatre bouillons, qu'il attache à l'aide d'une mèche, sur le lien des cheveux et en dessous des coques ; puis il ouvre lesdits bouillons de manière à former un pouf qui détache le chou de la tête, et il pose sa couronne, qu'il assugettit dans les bouillons, de même que le chapeau d'oranger, avec des mèches qu'il serre fortement. Sept épingles à tête d'or achève cette coiffure, qui alors a quelque chose du caractère mélané.

On remarquera que cette composition ne compte ni épingles noires, ni peignes, ni cordon, car j'oubliais de dire que la chevelure est nouée avec des mèches de cheveux.

N. 5, — COIFFURE par **M. SURLANNE** de Dax.

Ceci est une coiffure de mariée, simple et légère, et qui convient parfaitement à une toute jeune personne ; le lisse des bandeaux qui mènent aux anglaises imprime un caractère de modestie qui s'harmonise divinement avec la simplicité qu'on remarque dans la pose du voile.

Un peigne à un cercle ou un fil de fer soutient la corde qui s'élève et s'incline faiblement à gauche afin de laisser de la place à la fleur d'orange qui garnit le côté droit du chou. Une mèche lisse de l'épaisseur du quart de la chevelure sert à former la coque de fermeture et fournit même un petit lisse d'entourage, chose qui ajoute encore à la légèreté du chou.

N. 6. — COIFFURE par **M. ÉLIE**, près les Gobelins.

Prenez un bout de bourrelet ou bien un peigne à trois rouleaux de toile diaphane ; couvrez lesdits rouleaux de cheveux, que vous lissez avec de la bandeauline, soit à l'éponge, soit à l'aide d'une petite *brosse mécanique* remplie

---

(1) J'appelle coques bourrées, celles qui sont faites de toute la longueur des cheveux et roulées dans le genre des cataugants.

de cette liqueur , descendez vos frisures très bas sur les joues et posez ensuite votre couronne à la *Don Juan*. Cette Couronne étant garnie çà et et là de quelques grains de fleur d'oranger il devient inutile de mettre le *Petit Chapeau*. Pour la pose de l'écharpe , on commence par former un bouillon rond à la main, puis, on le pose sur le côté droit de la coiffure, après cela, on plisse le tulle et l'on conduit l'écharpe de l'autre côté pour y établir un bouillon parallèle au premier.

Dans cette coiffure il y a deux effets bien distincts , de face on n'aperçoit que la courronne qui encadre le visage et de profil ce sont des rouleaux, un bouillon et des barbes offrant à l'œil une parure riche, nouvelle et distinguée.

N. 7. — COIFFURE par M. RONSTURG , de La Haye.

Quittant le rang d'élève pour prendre un établissement , je viens offrir dans le *Cent-un* un échantillon de ces jolies coiffures que j'ai apprises chez les grands maîtres de Paris; heureux si mon début dans la carrière est accueilli favorablement de mes lecteurs, mais je suis certain qu'on aura de l'indulgence pour un jeune maître qui n'a d'autres vues que d'être utile au corps d'état des coiffeurs.

Ce concours de praticiens jeunes et vieux, habitans des pays différens m'a paru devoir produire de si beaux résultats que j'ai eu l'idée en arrivant de Paris de lancer une coiffure que j'accompagne de sa description.

Cheveux noués et séparés en trois parties, deux pour former les anneaux de tresses et une pour former la coque ouverte et le lisse du pied. La flèche montée sur une fourche est plantée dans le trognon des cheveux et quatre plumes courtes (au besoin quatre marabouts) garnissent la droite du chou.

Le diadême se pose après avoir fermé les touffes et, il doit descendre plus ou moins bas, selon que la personne a le visage allongé.

N. COIFFURE ROMANTIQUE , composée par M. BÉJOT , de Dax.

Cette coiffure n'est pas difficile , seulement je ferai remarquer que toutes les figures ne peuvent pas supporter les cheveux hérissés sur le front, et qu'il a fallu que la personne ait eu le front très couvert pour que je me sois hasardé à relever les cheveux en touffe sur le devant, ce qui découvre et donne à la figure un ovale parfait.

Exécution : commencez à faire la raie en cœur prenant d'une oreille à l'autre afin de laisser des cheveux pour la touffe que vous taillez aux petits ciseaux et frisez au fer rond, ensuite vous attachez vos cheveux de derrière que vous divisez en trois branches : l'une sert à couvrir le petit rouleau qui est sur le devant, et la seconde pour en couvrir un second mais plus grand, et la troisième à faire une tresse circassienne qui retombe en arrière; deux aigrettes sont arrêtées sur les rouleaux l'une en arrière et l'autre qui domine la coiffure du côté gauche. Cette coiffure se termine par la pose de trois petits peignes dorés, un de chaque côté, et un sur le devant, qui sert à retenir les racines et soulever les frisures sur le front.

N. 9. — Par M. PUGNO , faubourg Saint-Honoré,

Ma coiffure est un peu originale, eh bien, c'est pourquoi je la fais paraître dans le *Cent-un*, à quoi sert de publier des choses que tout le monde connaît, de l'original, voilà ce qu'il faut, d'ailleurs dans les publications des coiffures

Les Cent-un Coiffeurs.

Sommaire.

On souscrit à la Direction, Rue de l'Odéon, N.º 33.

N.º 1 Coiffure et Costume de Promenade. — N.º 2 Negligé d'un jeune Elégant.
N.º 3 Coiffure et Costume de chasse.

il en est de même que dans les publicaions de livres, s'il y a du mauvais il y a du bon, eh bien, afin de mettre le lecteur à même de priser mon ouvrage je vais l'initier dans les détails de son exécution.

Je commence d'abord par former une petite carcasse de carton, en forme de petite bouteille, puis j'établis deux bourrelets avec de la laine que je couvre avec de la soie de la couleur des cheveux. Cela fait, je noue les cheveux, je pose la petite bouteille sur le lien et comme elle est ouverte sur les deux extrémités je la couvre avec des mèches de cheveux : un petit ruban ornement du col de la bouteille sert à faire appliquer les cheveux dessus. Après cela, je forme une torsade dont j'orne le pied du flacon et un rouleau couvert d'une tresse que j'assujétis dessus en l'y couvrant, vient entourer la torsade, mais sans appuyer dessus. Car pour que cela soit d'un effet léger, il faut qu'il y ait de l'air; vient ensuite le rouleau tombant sur lequel serpente une mèche lisse qui, retenue çà et là par intervalle avec des épingles courtes, placées en dessous, donne trois coques légères qui produisent un effet tout à fait nouveau.

Une fois la couronne posée et les cheveux de devant frisés, je prends l'écharpe par le milieu, je pique une épingle noire assez longue dans les plis, puis, je l'enfonce dans la bouteille de manière à y faire entrer l'écharpe, qui alors se dirige en l'air, et d'autant mieux, qu'elle est garnie d'une gance laitonnée. La fleur d'oranger est aussi plantée dans le col du flacon.

<hr>

TROIS COUPES DE CHEVEUX,

PLANCHE D'HOMMES.

N° 1. C'est vraiment une coiffure fort commode que celle à mille boucles garnissant le dessous du chapeau, disait l'élégant de Beaumont ; qui, après avoir ôté son feutre gris avec deux mains pour ne pas déranger comme il dit, ses masses, se pose méthodiquement sur la jambe droite, tenant son chapeau de la main gauche et ayant le pouce droit passé sous le revers de l'habit, jamais on n'eût une meilleure idée que celle de séparer les cheveux au milieu de la tête, ma parole, ajouta-t-il en parlant à deux de ses amis, le ballon de la tête ne fut jamais aussi bien organisé que depuis que messieurs les coiffeurs l'impreignent de gélatine, de bandeauline, d'eau divine et de tous ces fluides qui glacent, que dis-je qui veloutent les cheveux... Eh bien, lui répondit le plus jeune des auditeurs, *V. N° 2*, je ne sais si cela tient à mes études de *peinture*, mais je n'aime pas vos petits frisons, je trouve plus naturel d'avoir de belles mèches onduleuses autour de la tête; je préfère cela d'autant mieux que l'on a moins à craindre les coups de vent. —Le troisième qui est un homme aimant à avoir la tête propre, mais ayant des goûts simples comme un officier que les camps ont vieilli, lui dit : certainement, beau gentilhomme, votre chevelure est trop soignée, et vous devez craindre de la déranger au moindre de vos mouvemens ; à la bonne heure, moi, voyez comme je suis bien coiffé, admirez ma touffe de six lignes dite *à la François premier*, voyez comme ceci est mâle. Et puis c'est une coiffure commode; quand il fait chaud, si je viens à suer je puis m'essuyer le front sans craindre de désorganiser ma tête, je me sers de votre expression, beau gentilhomme; ajoutez à cela que mes faces sont courtes et carrément coupées, ce qui fait que mes oreilles ont de l'air. Ah! mon cher, il ne suffit pas de savoir se tirebouchonner comme une demoiselle; pour être bien, il faut encore connaître l'hygiène de la toilette et savoir s'arranger selon les saisons. Vit-on jamais rien d'aussi ridicule que vos *anneaux sirottés ?* à l'époque de l'année où l'on ne rencontre pas de femmes dans Paris, un homme doit être simple. Certainement, dit le plus jeune qui chaque jour allant aux bains froids, a constamment les cheveux humides, certainement, qu'en ce moment je ne me ferais pas friser pour tout au monde. Ah ça, d'où sortez-vous donc, mon cher, avec vos expressions de bisaieul, est-ce qu'on s'exprime de cette façon lorsqu'on voit le monde élégant, dit l'oracle du jour. Mais je crois parler selon les règles de la langue française... ha! ha! ha! c'est du rococo, mon cher, dit M. de Beaumont, et puis soulevant avec un air moqueur l'une des faces du jeune homme, il lui dit : qui est votre coiffeur, beau fassionable? Mais, monsieur, c'est Christophe, ah! vous vous faites christoffleter? Que voulez-vous dire, lui repliqua l'officier chasseur avec un ton qui ne dénote pas le goût pour la plaisanterie, que signifie le mot *ohristofletter ?* Notre élégant qui parlait langage de salon (de coiffure), et qui d'ailleurs n'avait nullement l'intention de se moquer de personne lui dit : quoi vous en êtes encore là mon très cher ami? —Oui j'en suis encore à me demander ce que veut dire christoffletter, et par les deux milles bédoins que j'ai tués l'an passé, ce mot renferme un mot blessant; —comment blessant, mon très cher êtes vous jamais allé rue Vivienne, demeure d'Hypolite le Coiffeur, —oui et même je vais y passer à l'instant, et bien je vais vous y accompagner car le vent a soufflé sur mes |cheveux; et il faut absolument que je me fasse hipolytiser. Allons, dit l'officier, encore un mot bachique.—Dites-donc, bel *Alcibiade*, j'ai habité parmi les Bédoins pendant six années, mais je ne comprends pas encore vos barbares discours.—Très bien, charmant, adorable, délirant!!! puis regardant sa montre et voyant qu'il était cinq heures et quart, le dandy prend un cabriolet d'un franc pour aller se faire hipolytiser à cinquante centimes, afin d'être présentable à le réunion des flanneurs qui devait avoir lieu le soir pour decider comment, durant l'été, on continurait de porter les cheveux.

⸺∘⧉∘⸺

SECRET POUR ENLEVER LES RIDES.

Voulez-vous vous faire adorer des vieilles femmes ? Messieurs, donnez leur la recette qui suit, mais en ayant soin de leur apprendre la formule comme si c'était pour d'autres, car vous le savez, messieurs mes confrères, les femmes ne font jamais usage de teintures, de rouge ni d'eau de beauté, c'est toujours pour d'autres qu'elles achètent les cosmétiques qu'elles viennent prendre chez-nous.

Faites rougir une pelle; jettez-y par-dessus de la poudre de myrrhe; recevez-en la fumée sur le visage, en vous couvrant la tête d'une serviette pour concentrer la fumée. Réitérez trois fois ce procédé : ensuite faites chauffer de nouveau la pelle; lorsqu'elle sera bien chaude, vous l'arroserez de vin blanc dont vous aurez rempli votre bouche. Vous en recevrez la vapeur sur votre visage : vous réitérez trois fois, ce procédé matin et soir pendant huit jours, et la peau devient unie comme à l'âge de quinze ans.

Les Cent-un Coiffeurs

Sommaire

On souscrit à la Direction, Rue de l'Odéon, N.º 33.

1 - Coiffure à l'Espagnole ornée de fleurs d'or de la F.que de Buchet et Rommelin, rue Beaurepaire, 9.
– exécutée par Croixat

2 - Coiffure Sévigné ornée de Plumes et d'une épingle d'or de la même Fab.que et exécutée par le même

DESCRIPTION DES COIFFURES.

PLANCHE DE DAMES.

N° 1. COIFFURE exécutée par **CROISAT**, Brevété.

ORNÉE DE FLEURS D'OR.

de la Fabrique de BUCHET et ROMMETIN.

Rue Beaurepaire, N. 9, à Paris.

23ᵉ LIVRAISON.

La base de cette coiffure, c'est le peigne dit *Soleil*. Cet instrument, garni de deux rangs d'aiguilles, sert à soutenir la tresse qui s'élève sur le devant, sans qu'il soit besoin d'employer des épingles : la pose des ornements n'en exige pas non plus.

Exécution : On noue les cheveux (1) à une hauteur moyenne et l'on fait une tresse circassienne, bien serrée, après cela, on pose le peigne, les dents passant sur le cordon; la tresse se pose sur les aiguilles qu'elle couvre avec élégance, et vient ensuite serpenter par en bas; mais sans élargir le pied du chou qui, selon les lois de la mode, doit être très étroit. Une écharpe, des barbes ou bien la *Mantille Castillanne*, voilà ce qui garnit si bien le derrière de tête et fait ressortir avec tant d'avantage ces nouvelles fleurs et ces épingles dont la pose facile varie à l'infini. La grande fleur, ainsi qu'on le voit par le bouquet métallique que tient à la main la figure n° 2, est à tige élastique et ajustée sur une fourche d'or. Cette fleur qui ne doit être posée que lorsque les cheveux sont entièrement arrangés, tient parfaitement en enfonçant la fourche sous le cordon. Les épingles qui décorent les tempes n'ont pas, comme celles *Italiennes*, la tête ronde en forme de grelot, ici ce sont quatre pétales représentant la rose des quatre saisons. N'oublions pas de signaler la perle fine qui brille au sein de la fleur, et vient ajouter à l'éclat d'un ornement qui par sa nature scintille aux grandes lumières ainsi qu'au soleil; effet qui devra nécessairement le faire réussir à la *Havane* et dans la patrie des *Dona-Iñes;* afin de concilier l'art avec la mode du jour, observons que ces fleurs ainsi que ces épingles ne doivent jamais s'offrir carrément de face; leur position la plus avantageuse est celle un peu relevée comme pour recevoir les rayons venant d'en haut. Quant au coiffage du devant, lorsqu'on manque des cheveux pour faire les tresses des tempes, on ajoute des mèches montées sur des peignes ou des crochets; cela fait aussi bien, et la monture artificielle est souvent fort commode pour fixer les épingles servant à former les anneaux des tresses qui, artistement arrangées, semblent ne tenir qu'à l'aide des épingles d'or.

---

(1) On pourrait dire, et l'on aurait raison, que toutes les coiffures se commencent de la même manière; mais que les amateurs de nouveau se rassurent, prochainement nous aurons à leur offrir de quoi exercer leurs doigts et leur imagination.

N°. 2. Trois bouts de bourrelet de soie couverts de cheveux composent cette coiffure que traverse une belle épingle d'or, et sur le côté de laquelle flottent deux plumes d'Autruche courbées au pouce ou au couteau, ainsi que je l'enseignerai en détail dans un article consacré à la courbe des plumes.

PLANCHE AUX TÊTES. (1)

N. 1. — TURBAN diaphane orné de fleurs ou TURBAN parisien, par **CROISAT**.

Faites d'abord une coiffure en cheveux qui soit simple, mais propre, de manière à ce que la transparance du tulle n'offre rien de choquant. Après avoir formé les deux longues boucles qui flottent de chaque côté, vous posez un ruban n° 4, que vous serrez fortement : ce ruban prend le plus haut possible sur le devant et descend très bas dans la fossette du cou. Cela fait, placez-vous sur le côté gauche de la dame, pour bâtir de ce côté, sur le ruban, et à l'aide d'épingles blanches de 10 ou 12 lignes, le *tulle illusion* que vous laisser flotter en avant. Faites-en autant sur le devant de la tête et même jusqu'au côté droit, c'est-à-dire fixez, à partir de l'oreille gauche à l'oreille droite, toujours sur le ruban et plis par plis, un carré de trois quarts de tulle comme pour faire un voile d'amazone qui couvre le visage ; cela fait, vous posez cinq roses offrant trois grandeurs différentes : une forte sur le milieu, deux moyennes sur les côtés et deux petites au-dessus des oreilles, toutes faisant face en avant. Cette couronne de roses étant formée, vous repliez le tulle au-dessus pour aller le fixer, en le plissant, de l'autre côté des roses. Cette opération faite, pour terminer la coiffure, il ne faut que donner le coup de grâce, coup qui consiste à mettre de l'ordre dans le plissé, et à monter ou baisser l'étoffe selon que la figure est longue, et à la descendre plus ou moins sur le cou selon que la dame l'a plus ou moins long. Quant au derrière de tête, il se fait tout simplement : la gaze offrant des plis dans toute la largeur de la tête, on n'a qu'à réunir l'étoffe au bas de la fossette, et l'on obtient tout de suite une calotte charmante imitant les côtes d'un melon. Ce qui reste d'étoffe sert à remplir le vide qui peut rester entre les bouillons, quoiqu'ils s'étendent déjà presque tout au tour de la tête.

N. 2. — COIFFURE PAR LE MÊME.

Un peigne à un cercle couvert d'une forte mèche lisse et plate, autour de laquelle serpente une tresse en cinq ; voilà ce qui compose cette coiffure où quelques pointes de cheveux frisés artificiellement et montées sur une épingle double, garnissent le derrière du chou. Coiffure de bal pour jeune personne qui, au besoin, peut se passer de la couronne des liserons.

N. 3. — COIFFURE par **M. DÉNIZOT**.

Une jeune femme a-t-elle le front haut et de grands cheveux sur les tempes, coiffez-la de cette façon, à moins que les joues, manquant de fraî-

---

(1) Tout souscripteur à qui il manquerait quelques livraisons pour faire relier les collections peut se les procurer à la direction, à raison de 75 centimes, ou l'on mettra en vente pour le 15 octobre les collections des deux premières années, reliées en un fort volume, prix, à Paris 14 fr., en province 14 fr. 50.

Les Cent-un
Ouvrage Spécial
M.M. les Coiffeurs.

23ᵉ Livᵒⁿ

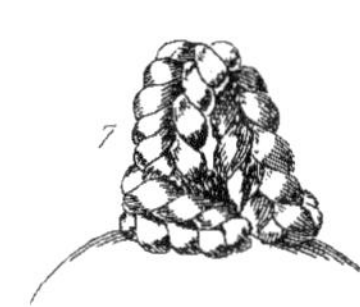

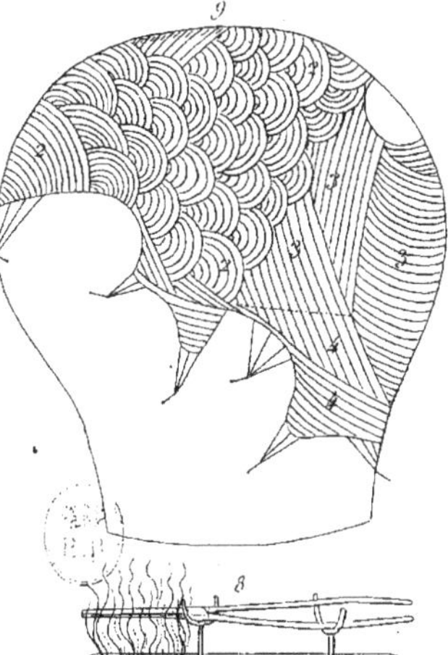
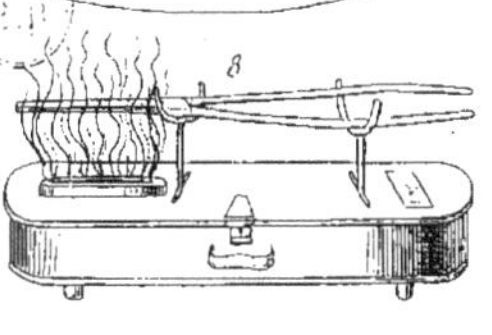
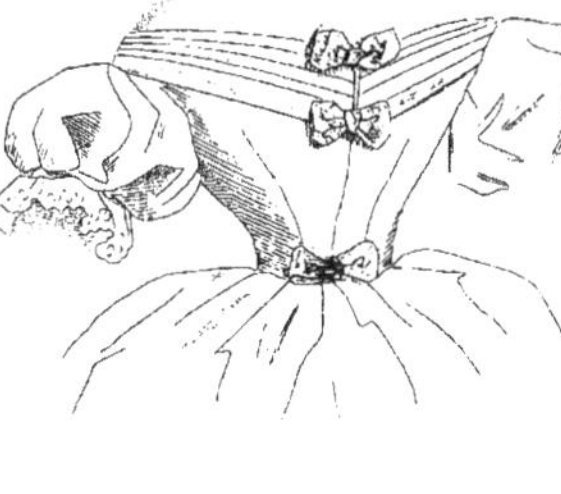

1 et 2 - par Croizat.
3 - par Mr Denixot.
4. 5. 6 et 7 - par Pugel.
rue des Francs-Bourgeois.
au Marais

8 - Alcalifer par Avenel
rue d'Enghien 18.
9 - Modèle de Perruque d'homme
montée en Coquille
par Croizat.

cheur, n'exigent un accompagnement de boucles, le seul qui convienne en pareil cas. Pour ma coiffure, il faut avoir un rouleau de 22 pouces, afin d'en former le *nœud de serpent*. Une flèche vient nous offrir un dard, complément obligé de cette fantaisie, et ladite flèche tient parfaitement à l'aide de la fourche qui la supporte, laquelle est plantée dans le trognon des cheveux.

Pour le devant, formez vos tresses et relevez-en les bouts ; après, posez la ferronnière qui les tiendra, et, pour terminer, rabattez les bouts des tresses qui formeront un second anneau, ce qui garnit le devant et va, ensuite, se perdre par derrière, sans qu'il soit besoin d'employer des épingles, vu la ferronnière qui tient tout moins les épis qui sont ajustés sur un petit peigne d'un pouce environ.

N. 4. — COIFFURE par **M. PUGET**, rue des Francs-Bourgeois, 25, au Marais.

Je vous entends déjà, vous écrier, ah ! le voilà toujours avec ses peignes.— Et oui, me voilà encore avec mes instruments ; vous avez beau me faire la grimace, **MM.** mes confrères, je vous soutiendrai toujours, et sans me troubler le moins du monde, que si vous saviez influencer les dames comme moi pour leur faire acheter des peignes, vous gagneriez beaucoup d'argent. Oui, de l'argent en masse ! Qu'avez-vous peur? qu'on nous imite? Faites comme moi, compliquez vos coiffures : en voici une, par exemple, qu'aucune femme ne pourrait exécuter : les cheveux noués, un peigne à *rouleau diaphane*, portant trois piques est posé, et aussitôt des cheveux lisses le couvrent. Vient ensuite une torsade artificielle se poser sur les piques, et puis deux coques qui enveloppent le tout et fournissent des pointes frisées, qui sortent tout naturellement au travers du rond. Après cela, c'est le coup de bandeauline qui vient lustrer le chou et la branche de bruyère qui se mêle aux clotildes à doubles rangs.

N. 5. — COIFFURE PAR LE MÊME

Celle-ci est faite sur le peigne dit *bouquet*. Ce serpent de cheveux qu'elle nous offre, est d'autant plus joli qu'il se tient en l'air à deux pouces de la tête. Exécution : on noue les cheveux et on pose le peigne dont on étale les fils de fer en proportion de la largueur qu'on veut donner à son chou ; puis, on forme son rouleau (il faut autant que possible, qu'il soit formé avec de longs et d'épais cheveux), et ensuite tenant le rouleau de la main droite, on le porte sur la pique de droite où il s'accroche ; après, la main gauche s'en empare et, le pliant, le dirige de son côté ; la main droite ramène à droite le bout dudit rouleau, comme pour faire le nœud d'Apollon à plat, c'est-à-dire, que le bout passe en dessous, ce qui représente tout-à-fait le chiffre 8. En terminant, et comme pour ôter à cette coiffure son uniformité, au lieu de perdre le petit bout du rouleau au point de départ, on le lance à gauche, afin de soulever le chou et de le faire pencher à droite. Ce mouvement décidé ajoute encore à la grâce de mon enlacement de cheveux.

N. 6. — COIFFURE DE MARIÉE, par le même.

Le peigne soleil, ce peigne que personne n'a pu encore contrefaire (1), m'a

(1) A propos de contrefacteurs, il paraît que les huit cents francs que j'ai fait payer à M. Divat, les deux mille cinq cents francs que le tribunal m'a fait verser à titre de dommage, par Coyret jeune, et les trente saisies que j'ai pratiquées chez divers détaillans, dégoûtent un peu les contrefacteurs. Aussi la fraude ne se voit-elle presque plus, on fait bien ; car maintenant que j'y suis fait, j'irais saisir jusque dans l'enfer.

servi pour l'exécution de cette coiffure , qui ne prend point d'épingles et dispense de crêper les cheveux, et cela, parce que le ratelier soutient ma grande coque ainsi que ma torsade , et que le lisse d'en bas est liée avec une petite mêche de cheveux, que je me suis ménagée. L'écharpe, cet ornement délicat qui ne souffre point le chiffonnage , et qui est posée sur la torsade dont le pied du chou est entouré , ne tient cependant qu'à l'aide de quelques épingles qui sont plantées dans la corde de cheveux du bas , ainsi que dans celle de couronnement.

Pour la pose de la couronne, on commence par fixer le petit bout au pied de la coiffure et du côté droit ; ensuite on fait le tour du chou pour conduire son cordon de fleurs à la droite de la tête, où , plié pour se diriger sur la touffe gauche, forme un angle droit. Je dois observer que ce n'est qu'après avoir posé la dite couronne que la coque du bas se fait , seul moyen de faire passer les fleurs au travers de cette dernière masse de cheveux.

N. 7. — COIFFURE PAR LE MÊME.

C'est sur le peigne à six piques que ce nœud de tresse est formé. Exécution : Je fais une tresse circassienne avec tous les cheveux de la femme , après quoi je pose mon peigne les dents plantées sur la tresse ; ensuite j'enlève la natte pour la poser sur un ou deux crochets de droite, je la plie en la rabattant en arrière ; mais aussitôt je la ramène en avant et je l'accroche à l'une des piques qui avancent le plus. Arrivé à la gauche de la tête , je plie ma tresse en arrière et j'entoure le peigne pour venir perdre le bout sur le devant.

Cette coiffe convient beaucoup aux figures rondes , aussi bien pour négligé que pour bal ; car vu son irrégularité , elle comporte des poses de fleurs du plus charmant effet.

CONFECTION D'UNE PERRUQUE D'HOMME,

MONTÉE EN COQUILLE, PAR CROISAT.

(Voyez figure 9.)

Il ne suffit pas que la monture d'une perruque soit bien faite pour que la coiffure soit élégante et favorable à un individu, le travail des cheveux lors de la formation des paquets pour les donner à tresser, la direction des tresses, le coup de ciseau ainsi que le coup de fer-plat, tout ce travail minutieux et long qui reste à faire à la suite de la monture, tout cela dis-je concourt à rendre les diverses coiffures qu'il est indispensable de bien attraper pour réparer en apparence l'outrage que le temps fait sur les pauvres têtes des hommes coquets !.. mais ne nous égayons pas au sujet des têtes à perruques que je trouve fort respectables et aussi fort productives pour nous. . . . . . Je dis donc qu'il reste terriblement à faire à la suite de ce que nous appelons la monture, chef-d'œuvre du posticheur, sujet que nous avons traité page 87, et dabord ce sont les tresses que je classe en quatre N⁰ˢ. Savoir le N°. 1. Cheveux courts

---

(1) Je ferai observer que les tresses ne sont pas faites de même pour toutes les perruques, qu'il est indispensable de bien connaître le genre de coiffure de chaque individu, lors de la formation des *paquets* de cheveux, et que c'est une chose absurde de faire une perruque avec un seul bout de tresse à moins qu'un homme ne demande une coiffure frisant partout, seul cas ou des *fonds de carde* conviennent parfaitement.

tressés têtes coupées, garnissant les nageoires jusqu'à la hauteur du ruban d'a-
plomb. N°. 2. Cheveux longs, autrement dit cheveux pour touffes, occupant
tout le devant de la perruque montant jusqu'à l'épi et descendant sur les nageoires. Le N°. 3. est un paquet de longeur moyenne qui sert à remplir les côtés, lesquels faits en chamarrage donnent au dessus des oreilles des masses qui
garnissent parfaitement ces parties sans les engoncer. Le N°. 4. est la tresse
faite avec des cheveux fins, plats, et cassés plusieurs fois en faisant la tresse, pour
former ce qu'on appelle de la *plaque* ou *pic*, tresse qui garnit les oreillettes de
derrière et même tout le bas du derrière de perruque jusqu'environ deux pouces de haut..... Ici s'arrête le maître pour céder la place à l'ouvrier couseur
lequel, après avoir enfilé, à l'avance, un quarteron d'aiguilles attend avec
impatience, un rouleau de tresse passé au bras gauche, l'onglette de fer blanc
à l'index de la main gauche et le fin dez d'acier au troisième doigt de la main
droite, que son patron livre la marotte à la dextérité de ses jeunes doigts.

La monture finie et les tresses faites par compas et par mesure, que doit
faire le couseur?... La chose est toute simple : il doit coudre chaque tresse
à sa place, suivre scrupuleusemeut l'ordre des N°ˢ établis par celui qui s'est
entendu avec le client, et ne pas s'abandonner comme cela arrive, quelquefois, à une façon de travailler qu'il affectionne parce qu'il a vu tel ou tel maître adopter ce système là : La seule, la bonne manière de faire est celle qui
coiffe bien un individu.....Parlons couture, car dans ce genre de travail il y a
du plus ou du moins bien et la manière de poser son premier rang (bord de
front) fait que les cheveux peuvent ou ne peuvent pas être relevés droits,
comme aussi, la perruque est molle ou a de la consistance selon que les points
ont été plus ou moins serrés; quant à la direction des tresses, ce serait une
erreur de croire que ce calcul est du domaine du couseur, vu que le moindre changement en sens opéré par lui, détruirait tout l'effet que le maître
attend d'une monture faite selon la construction de la tête du client, des quatre tresses dont il a gradué les cheveux pour mieux obtenir, sans couper les
pointes, l'effet de la coiffure qui *convient*, ou que *veut* avoir celui qui *paie*, autrement dit, le *chaland*.

Que ce soit une perruque tout unie, une perruque à courants d'airs, c'est-
à-dire sur raconis, ou bien une perruque sur tulle montée en coquilles, la place
n'en est pas moins assignée à chaque bout de tresse, et si l'on veut faire une
Titus (cette coiffure est celle de l'empereur romain de ce nom que les Français mirent à la mode lors de la décadence de la poudre, après la grande révolution) on n'a qu'à regarder les N°ˢ. des paquets et les monter : 1° celui aux
cheveux courts et frisés sur les nageoires et les pointes temporales; celui aux
longs cheveux à partir de la pointe frontale à l'épi, celui aux cheveux plats
et courts sur les oreillettes de derrière, le bas de l'occiput et jusqu'à une certaine hauteur au dessus des apophises (parties osseuses du dessus des oreilles
et qui se trouvent en avant des ressorts des oreillettes) en fondant vers la na-
geoire de manière à laisser de la place aux cheveux moyens qui composent le
troisième paquet, lequel vient occuper les côtés de la tête en deux chamarra-
ges, savoir : le premier, dirigeant des cheveux sur les tempes, le second, lançant des masses vers la touffe en approchant de la pièce de taffetas sur laquelle
est implanté l'épi, ou *finition*, avec ce même paquet on continue les
rangs horizontaux qui commencent à partir du ruban d'en haut, sur
l'occiput, et garnissent jusqu'à la finition qu'ils entourent de manière à
couvrir l'excédant du taffetas qui se trouve à la raie de chair : voilà bien
le classement des tresses pour une Titus ; mais le moyen de les fixer convena-

blement, quel est-il? le voici : Le borde-front qui prend du coin d'une na-geoire à l'autre (1) se pique au milieu du corps de la tresse et l'aiguille prend le bord du ruban en avant et en dessous du picot, ce point est difficile, mais il est infaillible pour faire plaquer les cheveux sur le front. Vien-nent ensuite les petits cheveux destinés à garnir les oreillettes, endroits de la perruque ou l'on reconnaît si les ouvriers sont exercés, et cela parce que si en tournant sa tresse sur le bord du ruban on ne sait pas, soit par une courbe, ou bien par un point fait sur une passée, laisser un peu de cheveux qui mas-quent le tissus, alors, la corde paraît et la perruque aurait-elle coûté huit jours de façon, ce n'est qu'un gazon, un bonnet de cheveux !....

La touffe c'est ce qu'il y a de plus facile à faire si ce n'est quand on veut y dessiner des coquilles pour obtenir des masses détachées qui rappellent ces frisures naturelles qui vont si bien à l'homme et qu'aucun coup de fer ne sau-rait imiter. Si ce sont des coquilles qu'on veut faire il faut d'abord un peu de patience, et puis, il faut savoir bien faire ses tournants sur les rangs de tresse qui les précèdent, de manière à ce que, l'orsque l'on regarde les perruques en dessous, comme le font quelquefois ces farceurs qui ont essayé et fait causer tous les bons maîtres, on ne puisse voir, au juste, si les tresses sont rempliées ou bien si ce sont des milliers de petits rangs détachés, cousus les uns à côté des autres. Le pic n'exige pas beaucoup de calcul, seulement, il faut avoir le soin de coudre le premier rang d'après les mêmes principes que le bord de front. Quant au paquet de tresses N° 3, pour celui là, c'est autre chose, et il faut avant de se mettre à le coudre se munir d'un peu de tresse de tous les au-tres paquets; et pourquoi faire? me diront peut-être les couseurs routiniers qui croient avoir toute la science infuse parce qu'ils ont cousu quelquefois une perruque en sept heures. Pourquoi ? je vais vous l'apprendre : c'est pour évi-ter de faire des escaliers, comme on me le répétait en apprentissage un jour que croyant bien faire j'avais tiré une ligne superbe sur la tête d'un pharma-cien pour séparer sa touffe de cheveux de derrière, ce qui me lui fit faire le plus bel escalier qu'il soit possible de voir. Mais me diront encore certains cou-seurs, puisque c'est le patron qui taille la perruque, comment est-il possible que nous fassions des escaliers?.... Je vais vous l'indiquer..... Au lieu d'intercaller les longeurs en passant d'un N° à un autre pour arriver graduellement des che-veux longs aux courts, c'est-à-dire que si vous n'avez pas le soin de mêler dans les quatre premiers rangs de chaque partie de la perruque moitié che-veux de ceux que vous venez de quitter et moitié de ceux qui doivent remplir l'espace que vous vous disposez à garnir, et cela, en mettant un rang de tresse de l'un et un rang de l'autre, vous cousez purement et simplement, les pa-quets à côté les uns des autres, vous ferez infailliblement des coches qui res-sembleront à des entailles faites à grands coups de ciseaux. Fondre les lon-geurs, voilà le plus dificile dans la couture et ce qui fait que, quand on s'y entend, il reste peu de pointes à couper.

Les tresses une fois cousues il reste à tailler la perruque, pour ce travail il faut de la réflexion, il faut avant de porter les premiers coups de point ou le premier coup de rasoir se représenter la personne que l'on coiffe; il faut s'iden-tifier avec elle au point de prévoir jusqu'à ses mouvements de doigts, son coup de brosse lorsqu'elle coiffe sa perruque, attendu que les habitudes, en coiffure surtout, ne se heurtent pas impunément, et que donner à la perruque d'un *ci-*

---

(1) Ce bout de tresse est à passées fines et à têtes coupées.

devant une touffe qui ne se plie pas à ses chères, ses vieilles habitudes, c'est le contrarier, le déguiser, le convultionner ! en un mot c'est le faire déserter la maison. Un bon coup de ciseau, c'est le *nec plus ultrà* du posticheur, quoique le coup de *fer-plat* soit aussi une chose fort importante ; mais comme avec ce dernier instrument on ne peut réparer que très peu des fautes que dès ciseaux inhabiles commettent quelquefois, que le principal office du pressoir est d'applatir les coutures, de diminuer les épaisseurs et de déterminer les mouvemens que le monteur a voulu donner à chaque corps de tresse ; je dirai que le maître a mis la dernière main à une perruque lorsque par le moyen du fer plat (instrument qu'il appuie sur les cheveux par le bout, et après avoir mouillé la partie en pression), il a relevé, rabattu , jeté par côté ou bien applati un corps de rangs selon le cas, et donné le fion à la chevelure , soit à l'eau soit à l'huile, fion qui vous donne pour ainsi dire le portrait de l'individu, et qui fait que lorsque la perruque passe une nuit dans ce bon pli, chausse la pratique comme un gant.

La pose des élastiques se fait *ad libitum* au dessus des oreilles ou bien sur le bas de la fossette du cou. Seulement, je ferai observer qu'en les plaçant au dessus des oreilles cela permet de poser un ressort verticalement sur le derrière de la perruque, moyen qui fait que l'on évite ce faux pli que procure la pression du chapeau, pli qui sent le *vieux jeune-premier* de comédie ou le vieux clerc d'huissier à 45 fr. par mois.

———◦◦◦———

ALCOLIFER,

PAR BREVET D'INVENTION.

Inventé par S. V. OVEN, breveté, rue d'Enghein , 18, à Paris.

———◦◦◦———

Combien celui qui le premier eut l'idée d'employer le poussier pour chauffer nos fers ne mérita-t-il pas d'éloges de la part des coiffeurs , surtout de ceux qui , ayant une clientelle nombreuse , étaient anciennement obligés d'allumer du feu à chaque instant; le coiffeur peu répandu , celui dont le casuel ne comporte pas les frais onéreux d'un brasier consumant jour et nuit, celui-là fait comme il fit toujours, il profite du temps que la pratique passe à lire la gazette pour battre le briquet et souffler dans son fourneau, il se démenne et se démanche pour faire prendre ce malheureux charbon dont l'odeur infecte indispose toujours le chaland...

Une poèle bien remplie de poussier , voilà , voilà, ce qui fait depuis longtemps le bien-être des salons à coupe des cheveux , aussi quelle vénération , et quelle estime un coiffeur n'a-t-il pas pour sa bonne, sa chère poèle ! avec quel empressement chaque matin ne la visite , ne l'arrange , ne la regarnit-il pas ! Avez-vous fait votre poèle?.. disait l'autre jour un coupeur à son élève ; mais, grand Dieu, vous allez me l'éteindre , me l'étouffer avec votre gros fer plat ! maladroit ! est-ce qu'on met jamais des gros fers dans une poèle? et toutes ces cendres que vous faites tomber; et ce fumeron qui empoisonne déjà mon salon de coiffure; l'élève qui n'en était pas à son premier coup d'essai fit observer à son patron que le poussier s'étaignait parce-qu'il était humide, que ce n'était point de sa faute s'il y avait des fumerons, que d'ailleurs il avait fait la poèle sous Aubril, Girard et autres coupeurs de haut parage, et au surplus.... de fil en aiguille on allait se fâcher lorsque **M. S. V. Oven**, inventeur auquel l'industrie est déjà redevable de plusieurs bonnes découvertes, vint à entrer et à crier anathème contre la poële à poussier, à coke ou à charbon, comme étant dit-il un procédé nuisible à la bourse ainsi qu'à la santé; et tout aussi-tôt il se mit à combiner, et à combiner si bien, qu'en moins d'un rien il nous a dotés, devinez?..... D'une machine à vapeur?... Non cette idée appartient à Turgar de Bruxelles ; — d'un gazomètre ?...—Encore moins, puisqu'il proscrit toute mauvaise exhalaison..... Je vois qu'il faut que je vous aide.

Ce qu'il nous a établi c'est un appareil simple et peu dispendieux, qui n'abime point les fers, c'est l'Alcolifer; sorte de lampe à esprit de vin qui n'a rien de disgracieux , posé sur une toilette, place où le coiffeur le met pour mieux avoir les fers sous sa main. Voici du reste comment je m'en sers :

Lorsque j'ai quelqu'un à friser, j'ouvre le tiroir du petit meuble, j'en sors une allumette chimique qui me donne du feu en l'appuyant un peu fortement sur le côté de l'Alcolifer ; j'allume la mèche, puis je pose mes fers sur les crochets où ils chauffent durant le temps du coup de brosse de rigueur.

J'observerai que tout ceci se fait en un clin d'œil, sans qu'il soit jamais besoin d'essuyer ses fers, car la flamme ne les salit pas. On pourrait croire peut-être que la mèche doit consumer beaucoup d'esprit, qu'on se désabuse, il n'en faut pas pour plus d'un centime par frisure en les faisant partiellement, et un litre et demi d'esprit suffit pour alimenter la lampe durant toute une semaine sans discontinuer de brûler.

Si le coiffeur qui a un fort casuel de coupes de cheveux trouve de l'avantage à se servir d'un instrument qui apporte avec lui propreté et économie, quel agrément l'Alcolifer n'offre-t il pas à celui qui n'ayant pas un travail suivi est obligé d'attendre que le client soit là, pour mettre ses fers au feu.

Le coiffeur de théâtre trouve aussi de grandes commodités à se servir de l'Alcolifer, chacun sait que, l'été, les artistes, pas plus que les bourgeois, n'ont de feu dans leurs cheminées, et qu'il faut que le coiffeur en allume chaque fois qu'il a quelqu'un à friser ; l'Alcolifer *Coquemard de frisure*, le dispense de tout ce train là ; je sais bien que moyennant un chiffon de papier, une gazette, un billet doux qu'on allume dans la cheminée quand il y en a dans la loge, on peut au besoin, et en dépit des brûlures qu'on se fait au bout des doigts chauffer un fer et arriver à temps pour bichonner l'amoureuse que le public dans son impatience, appelle avec accompagnement de trépignemens de pieds, je sais aussi, et cela m'est arrivé quelquefois, qu'on peut faire chauffer un fer sur la lumière d'une lampe ou d'un quinquet ; tout cela est à merveille, et fort utile au besoin , mais ni la fumée d'une lampe à huile ni les brûlures ne valent pas la flamme pure du spiritueux et l'avantage d'avoir à volonté et en moins d'une seconde du feu prêt qui ne saurait incommoder personne, qui est peu dispendieux, et qui plus est ne poisse ni ne salit les fers.

C'est sous ces divers rapports que nous avons cru devoir signaler l'Alcolifer dans cet ouvrage entièrement consacré à tout ce qui peut être agréable et utile à **MM.** les coiffeurs; en agissant ainsi, chaque fois qu'il paraîtra quelques inventions nouvelles, et en augmentant le nombre de pages ainsi que celui des gravures, nous serons, il faut l'espérer, assez heureux pour dissiper le mauvais renom que les agens des détracteurs de Croisat ont cherché à faire à cet ouvrage, en allant dans les villes de province et même à l'étranger tenir des propos malveillans.

Imp. de Moessard, r. Furstemberg 8.

Les Cent-un Coiffeurs
On souscrit à la Direction rue de l'Odéon 33.

Sommaire
1, 2, 3 et 4, genre de Coiffures nouvelles inventées par Croisat — 5, par Louis Dupuis de Montpellier
8, par Grand, rue du Four St Germain, 56.
7 et 7 bis Coiffure d'homme à l'Écossaise par Galabert, rue Neuve Vivienne, 37.

Les Cent-un Coiffeurs

Sommaire

On souscrit à la Direction, Rue de l'Odéon. N.º 33.

1. Nouveau système de Coiffure inventée par Croisat fondateur de l'Académie de Coiffure.
2. Fantaisie tirée du même genre

DESCRIPTION DES COIFFURES.

24ᵉ LIVRAISON.

N° 5. COIFFURE de **M. LOUIS DUPUIS**, de Montpellier.

La coiffure de cet artiste dont nous donnerons incessamment un article bio-
graphique, se compose de touffes à Lavallière, d'un enlacement de rouleaux
et d'une guirlande de fleurs montée en forme de fer *à cheval.*

N. 6. — COIFFURE par **M. GRAND**, rue du Four Saint-Germain, 58.

Nouez les cheveux au milieu de la tête et divisez-les en trois parties, celle
de devant servira à faire la coque double qui se présente sur le devant du
chou ; avec la seconde vous ferez un rouleau lisse imitant l'auréole, et vous le
soutiendrez avec des épingles doubles piquées dans le lien des cheveux ; la
troisième mèche, on l'élève sur tige et on la ramène de derrière en avant pour
former une coque simple autour des deux premières masses : cette coque ne
doit toucher la tête que d'un bout, car le voile que l'on pose, aussitôt, forme
un éventail par derrière, et vient fournir des flots de broderies par dessous
ladite coque lisse.

Un léger chapeau de fleur d'oranger et une couronne Mansiny, voilà ce qui
orne cette coiffure de mariée, qui comporte des bandeaux lisses aussi bien
que des tresses et des cheveux frisés.

N. 7 *et* 7 *bis.* — COIFFURE D'HOMME dite à *l'Ecossaise*, par **M. GALABERT**,
rue Neuve-Vivienne, 37.

Parcourant les salons pour trouver une coiffure d'homme, qui fût nouvelle,
je dus visiter la maison de Galabert ; mais pour aller chez cet artiste, à qui la
fortune semble sourire, je dus faire quelques frais de toilette ; aussi le Philocôme et le néophèrâ, donnèrent-ils un tour à mes cheveux. Armé de mes
crayons et de mon portefeuille à croquis, je pars chez l'Alcibiade moderne.
J'arrive, j'entre, que vois-je ? un grand laquais qui me prend mon chapeau,
le brosse, et vient ensuite pour me prendre mon portefeuille. Mon dieu, monsieur, lui dis-je, je ne viens point pour me faire coiffer, mais bien pour parler
à M. Galabert... Votre nom, monsieur ? Croisat.—M. Croisat désire parler à
M. Galabert, dit-il, à demi-voix, et en même temps il m'ouvre la porte du

sanctuaire de la nouvelle coupe de cheveux. Galabert, qu'une foule de clients attendaient pour recevoir le fion, quoique ayant été bichonnés par des élèves, accourt, me reconnaissant, vient à moi et me demande avec affabilité ce que je désirais. — Monsieur, c'est une de vos nouvelles coiffures.—Ah! ma foi, vous arrivez à propos, tenez, voici un de mes clients que j'ai coiffé à l'Écossaise, cette coiffure sied bien à un homme à barbe et ayant le visage rond, et je parie qu'elle sera adoptée l'hiver prochain.—Mais le chapeau doit déranger l'économie de toutes ces boucles, lui dis-je. — Eh! non, mon cher, que peut faire le chapeau? affaisser un peu les masses des angles frontaux? Eh bien! est-ce qu'un homme ne sait pas onduler ses cheveux par un léger coup de main?—C'est vrai; et à l'instant je me mets à dessiner la tête de ce monsieur, à qui M. Galabert conseillait, pour que la coiffure eut un caractère distinctif, de bien lisser les cheveux à deux pouces autour de l'épi, et de les relever tout à fait en racines droites sur le front. Mon croquis étant fini, le monsieur se lève, le valet de chambre, léger comme un basque, accourt, lui donne un léger coup de brosse, et en le reconduisant lui présente sa canne ainsi que son chapeau.—Bravo! dis-je tout bas à Galabert, voilà du bon ton. —Et que direz-vous donc, lorsque j'aurai un coupé à huit places pour aller reconduire mes clients.—Alors, mon cher, je dirai encore : Bravo!!!

CRÉER UN GENRE.

Il n'y a rien de nouveau sous le ciel disait Salomon bien des siècles avant le règne des giraffes, (1) de cette mode extravagante, que pourtant, dames et coiffeurs de tous pays saluèrent, le sourire sur les lèvres et la joie au cœur : que dirait ce grand roi, si par un miracle que Dieu peut faire quand il lui plaît, *soulevant la pierre de sa tombe*, il venait à jeter les yeux sur nos riches musées, nos nombreuses bibliothèques, nos galeries d'arts et métiers, nos ponts suspendus et nos coques en l'air? ah! grand Dieu!!! C'est pour le coup qu'il s'écrierait de toutes ses forces: tout a été dit, tout a été fait....Vous tous qui exercez la coiffures, avez-vous jamais coiffé des femmes jeunes portant chevelures longues et naturelles sans leur tordre les cheveux en casque ou bien sans les nouer, soit avec un lacet, soit avec une mèche de cheveux;

---

(1) On appelait coques à la Giraffe, celles que j'inventai en 1825, lesquelles étaient très hautes et presque toujours soutenues par une carcasse de fil de fer, garnie d'un bout de laiton de chaque côté pour mieux retenir les cheveux.

vous m'entendez bien? sans nouer ni attacher les cheveux. Mais me dira-t'on, quelle que soit la coiffure que vous fassiez, à moins que ce soit une *ninon* ou une *titus*, il faudra bien, malgré toutes vos ficelles, que vous procédiez dans vos coiffures par la réunion de la chevelure sur un point quelconque de la tête, où un peigne, un cordon ou bien de fortes épeingles la tiendront fixée, afin de pouvoir ensuite disposer les mèches au gré de la femme ou selon les règles de l'art?...Ah! je vous y prend, incrédule, vous ne voulez pas qu'on puisse coiffer autrement qu'on l'a fait jusqu'alors, hé! mon Dieu, jettez donc les yeux sur toutes les boutiques de perruquiers, voyez le pinceau mécanique mousser en une demi-minute et à l'eau claire, Voyez, tous les messieurs que la communauté de la savonnette avait fait déserter ces mêmes boutiques pour aller se raser eux-mêmes; voyez-les revenir par plaisir livrer leur menton à la mousse parfumée du pinceau-flacon, et vous croirez à tout.— Ah! ceci est différent, le pinceau mécanique contenant du savon dans son réservoir, on comprend facilement qu'il ne faille que le tremper dans de l'eau pour qu'il fournisse de la mousse sur le menton ; mais vos cheveux, quand ils son démêlés, comment les relevez-vous?...Voilà le problème qui restait à résoudre dans la coiffure, problème que jai résolu cette année de la manière et par les motifs suivants : Beaucoup de femmes se coiffent elles-mêmes, me suis-je dit, cela fait un tort considerable à notre état, chacun s'en plaint. Le moyen de remédier à ce malaise serait bien simple : il ne faudrait tout bonnement que créer un genre de coiffure qui serait à la fois de bon goût et inexécutable pour les amateurs. J'avais d'abord pensé aux crépures givrées; mais de la poudre, on ne veut pas en entendre parler, et avant de manier la houppe on a plein le gosier d'amidon.... Le chiffon ferait bien [l'affaire quant à la difficulté, mais ce genre ne peut fournir que des coiffeurs de bal... les coques, les tresses, les torsades, les chignons, la ligature des cheveux, et le casque à la Duplessy, tout cela est aussi connu que la coupe à la Titus... quoi faire pour forcer les dames à recourir à nous aux jours des toilettes parées et même de simples dîners? C'est ainsi que je me creusais la tête, un jour enfoncé dans le coin de la bergère de mon salon à couper les cheveux. Il s'était bien offert à mon idée un enlacement de coques assez joli, et des façons de tresser les cheveux qui auraient peut-être trouvé des approbateurs, mais je m'étais promis de créer un genre, et toutes ces misérables variantes qu'on pourrait faire sur les thèmes connus ne remplissaient point mon intention. Ce n'était point un simple changement apporté à la forme des masses, à la composition du chou qu'il me fallait ; ce dont je voulais doter notre corporation, c'était une manière nouvelle de procéder à la confection de la base des coiffures, afin de pouvoir venir leur dire un jour dans mon *Cent-Un* et en véritable conspirateur : à moi les ennemis des coiffeuses chambrières et des dames adroites qui osent empiéter sur nos droits.

J'en étais là, de mes recherches lorsqu'une lueur d'espoir vint m'éclairer; alors et sans proférer une parole, je saisis la tête de mon épouse, qui, ne sachant ce que cela voulait dire, m'examinait attentivement; je peignai ses cheveux en arrière, où je les laissai flotter jusqu'à ce que j'eus formé, avec un tablier de serge, un rouleau provisoire de 24 pouces de longueur, que je posai sur la partie creuse de sa tête (à l'épi) lui donnant à tenir les bouts du rouleau; cela fait, je retroussai ses cheveux, non en une seule fois, ainsi qu'il est d'usage, mais bien par moitié, ceux de gauche je les dirigeai à droite et ceux de droite à gauche, ce qui me donna, tout naturellement, un rouleau lisse assez long pour garnir le derrière de tête et le devant, car j'oubliais de le dire, ayant séparé mes cheveux en cœur renversé ainsi qu'on le voit N°. 1 de la planche des femmes; ceux des tempes, tout en faisant appliquer le rouleau contre la tête, viennent fournir de quoi continuer cette longue masse dont les bouts vont se perdre derrière les oreilles.

Ceci me parut nouveau, quant au travail, et susceptible de réussir parce que cela répond bien aux goûts d'aujourd'hui; cela me parut aussi très avantageux pour nous, attendu qu'il faut absolument, vu l'abscence de peigne et de lien, être deux pour construire les coiffures, et que ce genre, qui avantage les cheveux de beaucoup, est susceptible d'une grande variété dans les poses de rouleaux et celles des ornements. Mes six coiffures de cette livraison, où le grand rouleau sert de base peuvent donner une idée des ressources que ce nouveau genre offre à l'imagination du coiffeur. Du reste, l'approbation générale que ce mode de relever les cheveux a reçu dernièrement, dans une séance que j'ai donnée dans la Salle du nouveau Bureau de placement, l'empressement que beaucoup de bons coiffeurs mettent à s'exercer à ce nouveau coiffage, un commencement de succès, peut en un mot, donner une idée du bien que le corps des coiffeurs doit attendre d'un genre de travail hors de portée pour les femmes de chambre et les dames, qui aiment à se coiffer sans le secours d'autrui.

⸻⋆⸻

NOTICE

SUR LÉONARD,

Coiffeur de la Reine Marie-Antoinette

Et naissance du **JOURNAL DES DAMES** *et de la mode* **QUES-A-CO.**

Au déclin des bals, de 1774, il vient à l'idée de la dauphine que, peu de personnes étant admises à son cercle, toutes les merveilles de toilette qu'on y étalait se trouvaient perdues pour l'exemple de la capitale. Son Altesse royale nous demanda un matin, à mademoiselle Bertin et à moi, s'il ne serait pas possible de ressusciter *le Journal des Dames*, déjà mort plusieurs fois de marasme. Rien ne pouvait mieux servir mes intérêts que cette résurection; je répondis à la princesse que si elle daignait accepter la dédicace de ce journal, je me faisais fort de lui rendre l'existence.

« N'en doutez pas, Léonard, me répondit Marie-Antoinette : non-seulement je veux bien que le nouveau journal des dames me soit dédié, mais je donnerai, s'il le faut, des fonds pour le soutenir : c'est une institution toute française que l'on s'étonne de ne point trouver à Paris.

— Je promets à Votre Altesse royale qu'elle existera dans huit jours.

— Sous votre direction, Léonard?

— Non, madame, il faut une plume pour diriger un journal.

Un peigne vaudrait peut-être mieux, dit la dauphine en riant... Au reste, les plumes se trouvent toujours quand l'argent ne manque pas. »

Quoique je me fusse chargé de la fondation du *journal des dames*, je ne me crus pas un caractère de littérateur assez prononcé, pour ramasser le gant jeté par madame la dauphine dans la république des lettres.

Après la toilette de Son Altesse royale, nous causâmes avec mademoiselle Bertin du projet dont notre patronne venait de nous donner l'idée. Je pensai, que M. Durosoy, dont l'ambition littéraire avait cent bras, comme Briaré, ne refuserait pas de rédiger notre *journal des Dames*, où la marchande de modes et moi comptions produire périodiquemet la philosophie de notre art. Mais il nous fallait une dame pour prête-nom. Mademoiselle Bertin me parla d'une certaine baronne de Prinzen qui, selon ce qu'elle m'en dit, ne pouvait plus guère prêter que son nom, mais qui avait le plus grand besoin d'emprunter de l'argent. Nous lui en offrîmes à titre de don; elle accepta avec empressement, et prit la direction du *Journal des Dames*... C'est le même qui existe encore aujourd'hui.

Si ce receuil complet a été conservé par quelques-uns de ces amateurs minutieux qui font collection de tout, c'est un livre bon à consulter pour l'étude de mœurs du xviiie siècle : on y trouvera, soit en petits vers, soit en plus petite prose, soit exprimés par le burin de la mode, des usages, des ridicules qu'on ne conçevra guère maintenant, quoique je ne pense pas, en vérité, que notre siècle soit plus sage que son prédécesseur. Seulement, les folies actuelles sont si loin des folies passées, qu'on a peine à les comprendre.

Le *ques-à-co*, qu'est-ce-que cela, ou qu'est-ce-que c'est que ça fut la première mode qui fit explosion dans le *Journal des Dames*, et par suite dans le monde élégant. Voici l'origine de ce caprice. Dans un des nombreux Mémoires de Beaumarchais que la cour et la ville attendaient toujours, comme le plus heureux sujet de récréation, ce malin et spirituel écrivain traçait ainsi l'histoire du sieur Marin, journaliste du temps... « Marin, disait l'auteur, était gagiste à la Ciotat, en Provence, et touchait de l'orgue. Soudain il quitte la jaquette et les galoches et ne fait qu'un sot de l'orgue au préceptorat, à la censure, au secrétariat, enfin à la gazette; et voilà mon Marin, les bras retroussés jusqu'au coude, et pêchant le mal en eau trouble. Il en dit hautement tant qu'il veut; il en fait sourdement tant qu'il peut. Il arrête d'un côté les réputations, qu'il déchire de l'autre. Censure, gazettes étrangères, nouvelles à la main, à la bouche, à la presse, journaux, petites feuilles, lettres courantes fabriquées, supposées, distribuées; tout est à son usage. Ecrivain éloquent, censeur habile, gazetier véridique, journalier de pamphlets, s'il marche, il rampe comme un serpent; s'il s'élève, il tombe comme un crapaud. Enfin se traînant, gravissant, et par sauts et par bonds, toujours le ventre à terre, il a tant fait par ses journées, que nous avons vu récemment le corsaire allant à Versailles, tiré à quatre cheveaux sur la route ; portant pour armoiries, aux panneaux de son carrosse, dans un cartel en forme de buffet d'orgue, une Reommée en champ de gueule, les ailes coupées, la tête en bas, râclant de la trompette marine, et pour support une figure dégoutante représentant l'Europe : le tout embarassé d'une soutanelle doublée de gazettes, et surmonté d'un bonnet carré, avec cette légende : *Ques-á-oo, Marin ?* »

Madame la dauphine, qui avait ri long-temps de ce passage du Mémoire de Beaumarchais, m'a demandé ce que signifiait *ques-á-co.* Tout Gascon un peu érudit entend le provençal : j'ai répondu à Son Altesse royale que cela voulait dire qu'est-ce que cela... Marie-Antoinette trouva plaisant d'adopter ce mot, et le répétait souvent dans son intimité. Mademoiselle Bertin, saisissant la balle au bond, s'imagina alors d'inventer un panache à la *ques-á-co.* C'était une réunion de trois plumes que les élégantes portaient derrière la tête ; cette mode, ayant été goûtée par les princesses et surtout par madame Du Barry, devint bientôt générale, ainsi que le dicton provençal. On fit autant de folies dans la capitale, il se pervertit autant de junes filles, on compta autant de maris trompés pour le *ques-á-co*, qu'il y en avait eu pour les coiffure à la comète.

J'aimais beaucoup mademoiselle Bertin ; nos fortunes cheminaient comme deux bonnes sœurs en se donnant la main, et je m'extasiais toujours sur le joli pied de l'aimable modiste. Eh bien, l'avouerai-je, la gloire du *ques á-co*, qu'elle avait acquise sans moi, me fatiguait la pensée... Les lauriers de mademoiselle Rose empêchaient Léonard de dormir. Heureusement, pour une sympathie que j'aurais regrettée, il me vint une de ces idées grandioses, qui d'un coup d'aile renversent toute vogue préexistante, et viennent s'asseoir fièrement sur les débris de tous les caprices... J'inventai *le pouff au sentiment...* Les grandes choses ne se vantent pas : elles se décrivent, et précisément, je retrouve dans mes notes la description du *pouff* (1) que portait, au mois d'avril 1774, madame la duchesse de Chartres. Son Altesse royale avait accédé hardiment à tout ce que la mode offrait de plus excentrique : on voyait, là une femme assise sur un fauteuil et tenant un nourrisson ; ce qui désignait M. le duc de Valois et sa nourrice. A droite était un perroquet becquetant une cerise, oiseau précieux à la princesse ; à gauche se tenait un petit Nègre image de celui que Son Altesse aimait beaucoup. Dans le surplus de la coiffnre s'agençaient des cheveux de M. le duc de Chartres, de M. le duc de Penthièvre, de M. le duc d'Orléans.... Jamais on n'avait osé se placer sur la tête une telle macédoine, une telle ménagerie, un tel salon de Curtius, en un mot un tel salmigondis d'objets de trois règnes... Moi-même j'avais été effrayé du dévergondage de ma conception ; mais bientôt la folie du temps l'emporta sur la mienne : on vit dans les pouffs tout ce que le caprice put imaginer de plus étrange : les femmes légères se jonchèrent la tête de papillons ; les femmes tendres nichèrent dans leurs cheveux des essaims d'amours ; les femmes d'officiers généraux portèrent des escadrons juchés sur leur toupet ; les femmes mélancoliques érigèrent en pouff des sarcophages et des urnes funéraires. On croira difficilement à cet excès de frénésie, et pourtant je n'en ai pas chargé le tableau.

FIN DE LA SECONDE ANNÉE.

---

(1) On appelle *pouf au sentiment* une coiffure contenant les objets qu'une dame affectionnaient le plus.

Imp. de Moessard, r. Furstemberg 8.

TABLE DES MATIÈRES

DE LA SECONDE ANNÉE.

XIXe LIVRAISON.

XXe LIVRAISON.

XXIe LIVRAISON.

XXIIe LIVRAISON.

XXIIIe LIVRAISON.

XXIVe LIVRAISON.

FIN DE LA TABLE DE LA SECONDE ANNÉE.

NOMS DES ARTISTES

QUI ONT FOURNI DES COIFFURES POUR PARAÎTRE DANS
LE DEUXIÈME VOLUME DES CENT-UN.

TREIZIÈME LIVRAISON.

[illegible], de Rodez.
[illegible], de Lyon, M. de l'École Vétérinaire.
[illegible] KELLER, de Leipsick.
[illegible], d'Amsterdam.
[illegible]

QUATORZIÈME LIVRAISON.

[illegible], de Lyon.
[illegible], du Petit-Lion, Paris.
[illegible], de Marseille.
[illegible], de Rouen.
[illegible]

QUINZIÈME LIVRAISON.

[illegible]

SEIZIÈME LIVRAISON.

[illegible], Paris.
[illegible], rue Saint-Martin, à Paris.

DIX-SEPTIÈME LIVRAISON.

[illegible], de Moscou.
[illegible]
[illegible], de Dax.
[illegible] Gobelins, à Paris.
[illegible], de l'enue St-Eustache.
[illegible]

DIX-HUITIÈME LIVRAISON.

[illegible] LEFÈVRE [illegible]
[illegible]

DIX-NEUVIÈME LIVRAISON.

MICHEL, Membre de l'Académie de coiffure.
[illegible]
COLLIGNON, à Paris.
CROISAT.
[illegible]
CHARPENTIER et PAUL, rue [illegible]

VINGTIÈME LIVRAISON.

[illegible], rue du Faubourg.
[illegible], rue Saint-Antoine, 100.
MARCEAU, à Paris.
[illegible], rue Richelieu, 21.
CROISAT.

VINGT ET UNIÈME LIVRAISON.

CROISAT.

VINGT-DEUXIÈME LIVRAISON.

CROISAT.
[illegible]
[illegible], de Dax.
[illegible], de Paris.
[illegible], de Leipsic.
[illegible], rue Honoré, à Paris.

VINGT-TROISIÈME LIVRAISON.

CROISAT.
[illegible], de Montpellier.
PUGET, membre de l'Académie de coiffure.

VINGT-QUATRIÈME LIVRAISON.

LOUIS DUPUIS, de Montreuil.
[illegible], rue Saint-Bernard.
[illegible], rue Neuve-[illegible]
CROISAT.

NOMS DES ÉCRIVAINS

QUI FIGURENT DANS LE DEUXIÈME VOLUME.

[illegible]
[illegible]
[illegible]
PAUL PROUTEAU.
E. VILLEMAIN NOUMEUS.
[illegible] MOREAU.
[illegible] PACAULT.

[illegible]
[illegible]
BOUCHERLEAU.
JASMIN.
LÉONARD.
CROISAT, Rédacteur en chef
et Administrateur.

Paris. — Imprimerie de Moreau, rue Fontemberg, n. 8.

9 782019 224325